农村科技口袋书

渤海粮仓增产增效新技术

中国农村技术开发中心 编著

中国农业科学技术出版社

图书在版编目（CIP）数据

渤海粮仓增产增效新技术／中国农村技术开发中心编著 . —北京：中国农业科学技术出版社，2017.11
ISBN 978-7-5116-3309-5

Ⅰ . ①渤… Ⅱ . ①中… Ⅲ . ①粮食作物—栽培技术
Ⅳ . ① S51

中国版本图书馆 CIP 数据核字（2017）第 261138 号

责任编辑　史咏竹
责任校对　贾海霞

出　　版	中国农业科学技术出版社	
	北京市中关村南大街 12 号　　邮编：100081	
电　　话	（010）82105169（编辑室）	
	（010）82109702（发行部）　（010）82109709（读者服务部）	
传　　真	（010）82109707	
网　　址	http://www.castp.cn	
经　　销	各地新华书店	
印　　刷	北京科信印刷有限公司	
开　　本	880 mm×1230 mm　1/64	
印　　张	3.5625	
字　　数	115 千字	
版　　次	2017 年 11 月第 1 版　2017 年 11 月第 1 次印刷	
定　　价	9.80 元	

《渤海粮仓增产增效新技术》

编 委 会

主　任： 贾敬敦

副主任： 赵红光　黄圣彪　卢兵友

成　员：（按姓氏笔画排序）

王振忠　左　锋　刘小京

陈素英　董　文

编写人员

主　编： 刘小京　王振忠　董　文

副主编： 陈素英　左　锋

编　者：（按姓氏笔画排序）

马俊永　王敏欣　任先顺　刘　磊

李珍连　李静红　杨志勇　肖　辉

张文忠　陈化榜　邵立威　武兰芳

欧阳竹　周　黎　郑　祺　侯海鹏

顾　沁　徐俊杰　高继平　郭　凯

黄　钺　盖希坤　董宝娣

前　言

　　为了充分发挥科技服务农业生产一线的作用，将现今适用的农业新技术及时有效地送到田间地头，更好地使"科技兴农"落到实处，中国农村技术开发中心在深入生产一线和专家座谈的基础上，紧紧围绕当前农业生产对先进适用技术的迫切需求，立足国家科技支撑计划项目产生的最新科技成果，组织专家，精心编写了小巧轻便、便于携带、通俗实用的"农村科技口袋书"丛书。

　　《渤海粮仓增产增效新技术》筛选凝练了国家科技支撑计划"渤海粮仓科技示范工程（2013BAD05B00）"项目实施取得的新技术，旨在方便广大科技特派员、种养大户、专业合作社和农民等利用现代农业科学知识、发展现代农业、增收致富和促进农业增产增效，为加快社会主义新农村建设和保障国家粮食安全作出贡献。

"农村科技口袋书"由来自农业生产、科研一线的专家、学者和科技管理人员共同编写，围绕关系国计民生的重要农业生产领域，按年度开发形成系列丛书。书中所收录的技术均为新技术，成熟、实用、易操作、见效快，既能满足广大农民和科技特派员的需求，也有助于家庭农场、现代职业农民、种植养殖大户解决生产实际问题。

在丛书编写过程中，我们力求将复杂技术通俗化、图文化、公式化，并在不影响阅读的情况下，将书设计成口袋大小，既方便携带，又简洁实用，便于农民朋友随时随地查阅。但由于水平有限，不足之处在所难免，恳请批评指正。

编　者

2017 年 8 月

目　录

第一章　耐盐抗旱新品种

第三章 新型土壤调理及功能肥料

第四章 农田多水源高效利用新技术

第五章　盐碱土壤改良与地力提升新技术

第六章　轻简化高效栽培种植技术

第一章

耐盐抗旱新品种

小偃 81 冬小麦

品种来源

小偃 81 冬小麦是中国科学院遗传与发育生物学研究所选育。以小偃 54 和 8602 为亲本，经过有性杂交、系统选择和重要特性系统鉴定，培育成功的能集高产、优质，养分、水分和日光能高效利用于一体的小麦新品种。2005 年通过河北省农作物品种审定委员会审定，审定编号为冀审麦 2005006 号。

特征特性

小偃 81 为半冬性多穗型早熟品种，生育期 240 天。幼苗半匍匐，叶片芽鞘绿色，幼苗淡绿色，叶耳绿色，茎叶无蜡质，旗叶较长，挺直夹角较小，叶片无茸毛。抗寒性强，分蘖力较强，成穗多，成穗率高，亩穗数 50 万穗左右。成株株型紧凑，株高 75cm 左右，抗倒性较好。穗纺锤形，顶芒、白壳、白粒、硬质、籽粒饱满度好。穗粒数 31 粒左右，千粒重 36.2g，容重 796g/L。熟相好。晚播不晚熟。河北省农林科学院植物保护研究所抗病鉴定结果：2004 年条锈病 2+ 级，叶锈病 3 级，白粉病 4 级。2005 年条锈病 2 级、叶锈病 3- 级，白粉病 3 级。耐盐性好、抗旱性强、品质优良（2005 年面包评分为 75.3）、抗寒性较强。2003—2004 年度区域试验，平均亩[①]产 565.0kg；2004—2005 年度区域试验，平均亩产 482.5kg；2004—2005 年度生产试验，平均亩产 477.0kg。多点试验结果分析，小偃 81 稳产性好。

技术要点

重施基肥，一般亩施纯氮 5～8kg，五氧化二磷 8～10kg，旱碱地一次底施，水浇地可结合浇水拔节期追施氮 5～6kg。足墒播种，追好拔节肥，灌好拔节水，在半干旱区域浇 1～2 水比较适宜，以拔节和孕穗期为好。

适宜地区

适宜河北省中南部冬麦区种植。适宜播种期为 10 月上中旬。播种量为 8～10kg/ 亩，晚播应适当加大播量。

注意事项

抽穗后及时防治白粉病和蚜虫保证丰收。

---

① 1 亩 ≈ 667m², 全书同

小偃 60 冬小麦

品种来源

小偃 60 是中国科学院遗传与发育生物学研究所选育。以小偃 54 和鲁麦 13 为亲本，经过有性杂交、系统选择，培育成功的具有抗旱、耐盐、稳产、高产的小麦新品种。2016 年 1 月 1 日获植物新品种权（CNA20100586.6）。2017 年通过河北省农作物品种审定委员会审定，审定编号为冀审麦 2016030 号。

特征特性

该品种属半冬性中熟品种，平均生育期 237 天，比对照冀麦 32 早熟 3 天。幼苗半匍匐，叶色浅绿色，分蘖力较强。成株株型半紧凑，株高 73.3cm。穗长方形，长芒，白壳，白粒，硬质，籽粒较饱满。亩穗数 37.6 万穗，穗粒数 26.9 个，千粒重 44.5g。熟相较好，抗倒性较好。经河北省农林科学院旱作农业研究所抗旱性鉴定，该品种连续两年平均抗旱指数分别为 1.196 和 1.102，抗旱性强。经河北省农林科学院植物保护研究所抗病性鉴定，该品种中抗条锈病，慢锈叶锈病。在2013—2014年度、2014—2015年度河北省黑龙港旱薄组区域试验中，该品种平均亩产分别为344.1kg和344.3kg。在2015—2016年度河北省黑龙港旱薄组生产试验中，该品种平均亩产368.2kg。

技术要点

适宜播种期为10月上中旬，亩播种量10～15kg，亩基本苗20万～25万株。适宜在土壤含盐量0.3%以下，土壤肥力中等地区种植。亩施尿素10kg、磷酸二铵15kg做底肥，拔节期亩追施尿素10kg。

适宜地区

适宜在河北省沧州市运河以东旱薄地种植。

注意事项

播前可用杀虫剂和杀菌剂拌种。防治地下害虫和黑穗病，抽穗后及时防治蚜虫保证丰收。在水肥条件较好的地区种植时，后期应注意控制水肥以防倒伏。半旱地浇1水比较适宜，浇水时间以拔节和孕穗期为好。

衡 4399 冬小麦

品种来源

衡 4399 由河北省农林科学院旱作农业研究所育成。以邯 6172 作母本，衡穗 28 作父本杂交，采用"杂交后代不同世代水旱交替定向培育综合选择技术"。2008 年 10 月通过河北省农作物品种审定委员会审定，审定编号为冀审麦 2008002 号。2014—2017 年连续被列为河北省节水推广品种，2016 年 9 月被列为冀中南水地组区域试验对照品种。

特征特性

半冬性、中早熟。幼苗匍匐，叶色深绿，苗期稳健，分蘖力强，成穗率高，抗寒性好。株型紧凑，旗叶上冲，株高 72cm 左右，茎秆韧性强，抗倒性好。穗层整齐，穗长方形，长芒，白壳，白粒，硬质，籽粒饱满，容重 800g/L 左右，籽粒商品性好。亩穗数 45 万～55 万穗，穗粒数 33～36 个，千粒重 40～43g，产量三因素协调。根系发达，叶片功能强，抗旱指数平均 1.151，节水抗旱性突出。高抗叶锈病、叶枯病，中抗白粉病，抗干热风能力强，落黄好。

产量表现：2009—2016 多年生产应用，春浇 2 水，亩产在 550～700kg。2011 年沧州吴桥春浇 2 水实收产量为亩产 705.0kg。

技术要点

（1）播期、播量：冀中南麦区适宜播期为 10 月 6—15 日，每亩基本苗 15 万～21 万株（播种量掌握在 10.0～13.5kg/ 亩），10 月 15 日以后播种，每推迟一天每亩增加基本苗 0.5 万株（约合 0.5kg 种子）。足墒播种，播后镇压。

（2）肥水管理：全生育期一般浇水 2～3 次，一般春季灌水 2 次，重点浇好拔节水、孕穗灌浆水。施磷酸二铵 25～30kg/ 亩、尿素 7.5～10kg/ 亩作底肥，拔节期追施尿素 15～25kg/ 亩。

适宜地区

适宜在河北省中南部冬麦区种植。

注意事项

注意防治吸浆虫、赤霉病。

津农 6 号冬小麦

品种来源

津农 6 号是天津市农作物研究所选育，以津引 159 做父本与烟优 361 杂交选育而成，2010 年通过天津市农作物品种审定委员会审定，审定编号为津审麦 2010004；2013 年通过国家农作物品种审定委员会审定，审定编号为国审麦 2013022。

特征特性

该品种冬性，中晚熟。幼苗半匍匐，分蘖力中等，成穗率高，株高 72cm，穗纺锤形，长芒，白壳，白粒，籽粒硬质，平均亩穗数 37.9 万穗，穗粒数 30.5 粒，千粒重 47.6g。2009 年抗寒鉴定结果：冻害级别 3，越冬茎 99.2%，死茎率 0.8%。2010 年抗寒鉴定结果：冻害级别 5，越冬茎 98.5%，死茎率 1.5%。天津市植物保护研究所人工接种抗病性鉴定结果：高感白粉病（HS），中抗叶锈病（MR），中抗条锈病（MR）。农业部谷物及制品质量监督检验测试中心（哈尔滨）检测：容重 805g/L，粗蛋白质 14.64%，湿面筋 31.5%，沉降值 52.5mL，吸水率 60.1%，形成时间 5.0min，稳定时间 7.2min，弱化度 71F.U，评价值 59，最大抗延阻力 420E.U，延伸性 15.6cm，能量 88.2 cm^2，硬度指数 67.9，为强筋小麦品种。

适宜地区

该品种高产、稳产适应性好，适宜在我国北部冬麦区中上肥力冬小麦地区推广种植。

注意事项

在播种前用种衣剂或农药拌种，注意苗期和返青期培育壮苗，预防根腐病，要注意白粉病和蚜虫的防治。

山农 22 冬小麦

品种来源

山农 22 是山东农业大学育成，从创建的优质 Ta1（Ms2）小麦轮选群体中选择可育株，经多代选择稳定，于 2005 年选育而成。国家农作物品种审定委员会审定编号为国审麦 2011013。

主要特性

该品种半冬性，中晚熟。幼苗匍匐，分蘖力较强，成穗率中等，冬季抗寒性好。春季起身拔节偏迟，春生分蘖多，抗倒春寒能力较差。株高 85cm 左右，株型较紧凑，旗叶短小、上冲、深绿色。茎秆弹性一般，抗倒性一般。熟相较好，对肥水敏感。穗层整齐。穗纺锤形，长芒，白壳，白粒，籽粒半角质、卵圆形、均匀、较饱满、有光泽。2008 年和 2009 年区域试验平均亩穗数分别为 43.2 万穗、45.8 万穗，穗粒数分别为 32.9 粒和 31.8 粒，千粒重分别为 43.1g 和 40.2g，属多穗型品种。接种抗病性鉴定：中抗赤霉病，中感条锈病和纹枯病，慢叶锈病，白粉病免疫。2008 年和 2009 年测定混合样，籽粒容重分别为 805g/L 和 786g/L，硬度指数分别为 66.0 和 66.8，蛋白质含量分别为 13.57% 和 13.80%，面粉湿面筋含量分别为 31.4% 和 30.9%，沉降值分别为 29.6mL 和 31.4mL，吸水率分别为 61.5% 和 62.5%，稳定时间分别为 3.2min 和 3.4min，最大抗延阻力分别为 204E.U 和 282 E.U，延伸性分别为 152mm 和 146mm，拉伸面积分别为 45cm^2 和 58cm^2。

技术要点

中轻度盐碱地适宜播种期 10 月中旬，每亩适宜基本苗 35 万～40 万株。注意防治条锈病、纹枯病、茎基腐病等。适时进行春季水肥管理。

适宜地区

适宜山东省滨州市、东营市、德州市等地 2‰～3‰含盐量的中轻度盐碱地种植。

山农 20 冬小麦

品种来源

山农 20（原代号山农 05-066）是由山东农业大学以 PH82-2-2 为母本，以 954072 为父本进行有性杂交，系谱法结合分子标记辅助选择育成的多抗高产水地小麦新品种，2010 年通过国家农作物品种审定委员会审定，审定编号为国审麦 2010006。

特征特性

半冬性中晚熟品种。幼苗匍匐，分蘖力较强。区试田间试验记载越冬抗寒性较好。春季发育稳健，两极分化快，抽穗稍晚，亩成穗多，穗层整齐。株高 78cm，株型紧凑，旗叶上举、叶色深绿。抗倒性较好。后期成熟落黄正常。穗纺锤形，长芒、白壳、白粒，籽粒角质、较饱满。亩穗数 43.3 万穗、穗粒数 35.1 粒、千粒重 41.4g。抗寒性鉴定：抗寒性较差。抗病性鉴定：高感赤霉病、纹枯病，中感白粉病，慢条锈病，中抗叶锈病。2009 年和 2010 年品质测定结果分别为：籽粒容重 828g/L 和 808g/L，硬度指数 67.7（2009 年），蛋白质含量 13.53% 和 13.3%，面粉湿面筋含量 30.3% 和 29.7%，沉降值 30.3mL 和 28mL，吸水率 64.1% 和 59.8%，稳定时间 3.2min 和 2.9min，最大抗延阻力 256E.U 和 266E.U，延伸性 133mm 和 148mm，拉伸面积 47cm^2 和 56cm^2。

技术要点

中轻度盐碱地适宜播种期 10 月中旬，每亩适宜基本苗 35 万～40 万株。注意防治赤霉病、茎基腐病等。春季水肥管理可略晚。

适宜地区

山东省滨州市、东营市、德州市等地 2‰～3‰含盐量的中轻度盐碱地小麦生产。

青麦 6 号冬小麦

品种来源

青麦 6 号是青岛农业大学育成，以莱州 137 为母本，978009 为父本杂交，系统选育而成。山东省农作物品种审定委员会审定编号为鲁农审2007046 号。

特征特性

该品种半冬性，幼苗半匍匐。分蘖力强，成穗率高，穗层整齐，亩穗数 50 万～55 万穗，穗粒数 37～40 粒，千粒重 39～43g。耐盐碱性强，2011—2012 年，在山东省东营市、即墨市金口镇、淄博市马踏湖湿地等盐碱地种植青麦 6 号，获得400kg/ 亩以上的产量，实现了在中度盐碱地上小麦种植的新突破。

技术要点

适宜播期 10 月上旬，适宜基本苗每亩 15 万株。

适宜地区

在山东省旱肥地块种植利用，黄淮海冬麦区、中轻度盐碱地。

津强 7 号春小麦

品种来源

津强 7 号是天津市农作物研究所选育，以冬丰 701、小冰麦 33、津强 1 号、辽春 10 号选育而成。2013 年通过国家农作物品种审定委员会审定，审定编号为国审麦 2013023。

特征特性

穗纺锤形，长芒，红壳，红粒，籽粒角质、饱满度较好。平均亩穗数 43.3 万穗，穗粒数 35.1 粒，千粒重 41.6g。抗病性接种鉴定，高感白粉病，中抗叶锈病，中感秆锈病。品质混合样测定，籽粒容重 809g/L，蛋白质含量 17.67%，硬度指数 72.7，面粉湿面筋含量 35.3%，沉降值 65.8mL，吸水率 64.6%，面团稳定时间 10.4min，最大抗延阻力 703E.U，延伸性 213mm，拉伸面积 202cm^2。品质达到强筋小麦品种标准。

适宜地区

适宜东北春麦早熟区的内蒙古[①]通辽市、辽宁省、吉林省，以及天津市、河北省张家口市坝下作春麦种植。

注意事项

开春顶凌播种，亩播种量20～25kg。后期注意防治白粉病、蚜虫等病虫害。

---

① 内蒙古自治区，全书简称内蒙古

津强 10 号春小麦

品种来源

津强 10 号是天津市农作物研究所选育，用津强 5 号作父本与 S06 网-64 杂交选育而成。2016年通过国家农作物品种审定委员会审定，审定编号为国审麦 2016031。

特征特性

该品种春性，早熟品种，全生育期在 75 天左右，幼苗直立，株型紧凑，株高 73cm，抗倒伏；穗纺锤形，长芒，白壳，红粒，硬质，籽粒饱满度较好；亩穗数平均 41.5 万，穗粒数 31.3 粒，千粒重 36.3g。经 2012—2013 年农业部谷物品质监督检验测试中心（哈尔滨）检测平均指标，津强 10 号（S11 鉴 84）籽粒容重 791g/L，粗蛋白质（干基）16.27%，硬度指数 71.1，湿面筋 33.4%，吸水率 60.0mL/100g，稳定时间 15.7min，最大抗延阻力 682E.U，延伸性 174mm，能量 155.6 cm²，属强筋小麦品种。该品种中抗秆锈病，慢叶锈病，高感白粉病。

适宜地区

适宜东北春麦早熟区的内蒙古通辽市、辽宁省、吉林省，以及天津市、河北省张家口市坝下作春麦种植。

注意事项

开春顶凌播种，亩播种量20～25kg。后期注意防治白粉病、蚜虫等病虫害。

科育 186 玉米

品种来源

科育 186 是由中国科学院遗传与发育生物学研究所选育。以自选系 H7（BSSS 血缘）为母本、自选系 Y4（Lancaster 血缘）为父本杂交选育而成，2014 年通过吉林省农作物品种审定委员会审定，品种审定编号为 2014016。

特征特性

幼苗绿色，叶鞘浅紫色，叶缘绿色。株高 302cm，穗位 121cm，株型半紧凑，叶片半上冲，成株叶片 21 片，花药浅紫色，花丝浅红色。果穗筒形略锥，穗长 19.0cm，穗行数 16～18 行，穗轴红色。籽粒黄色，半马齿形，百粒重 37.8g，米质好，脱水快。2012 年和 2013 年品种区域试验平均亩产分别为 858.9kg 和 853.3kg；2013 年生产试验平均亩产 755.5kg。

技术要点

施足农家肥，底肥一般施用玉米复合肥

26.7kg/亩，追肥一般施用尿素 20～26.7kg/亩。一般保苗 4 500～5 000 株/亩，肥水充足、栽培条件好的地块可达 5 500～6 000 株/亩，以增加群体产量。

适宜地区

适宜东华北、西北春玉米区全生育期≥10℃活动积温 2 650℃以上地区、黄淮海夏播玉米区种植。

注意事项

注意防治玉米大斑病、玉米螟、黏虫等。

华农 866 玉米

品种来源

华农 866 为北京华农伟业种子科技有限公司选育。以 B280 为母本、京 66 为父本杂交选育而成，2015 年经国家农作物品种审定委员会第四次会议审定，品种审定编号为国审玉 2014001。

特征特性

东华北春玉米区出苗至成熟 126 天，比郑单 958 早 1 天。幼苗叶鞘紫色，叶缘紫色，花药黄色，颖壳紫色。株型半紧凑，株高 307cm，穗位高 116cm，成株叶片数 20 片。花丝红色；果穗长筒形，穗长 19cm，穗行数 16 行，穗轴红色；籽粒黄色、马齿形，百粒重 37.5g。籽粒容重 757g/L，粗淀粉含量 75.26%，属高淀粉玉米品种。接种鉴定，中抗弯孢叶斑病和灰斑病，感大斑病、丝黑穗病和镰孢茎腐病。2012—2013 年参加东华北春玉米品种区域试验，两年平均亩产 813.8kg；2013 年生产试验平均亩产 777.7kg。

技术要点

中上等肥力地块种植，4月下旬至5月上旬播种，亩种植密度3 800～4 200株；亩施农家肥2 000～3 000kg或三元复合肥30kg做基肥，大喇叭口期亩追施尿素30kg。

适宜地区

适宜辽宁省、吉林省中晚熟区、内蒙古赤峰市和通辽市、河北省北部、天津市、北京市北部、山西省中晚熟区、陕西省延安市等地区种植。

注意事项

防倒伏，注意防治蚜虫等。

丹玉 405 玉米

品种来源

丹玉 405 号是由丹东农业科学院于 2003 年以丹 299 为母本，以丹 M9-2 为父本组配而成的单交种。

特征特性

该品种株型半紧凑，株高 285cm，穗位 121cm，成株叶片数 20～21 片。穗长 25.0cm，穗行数 18～20 行，籽粒为半马齿形，百粒重 35.3g，出籽率 84.8%。籽粒容重 762.4g/L，粗蛋白质含量 9.42%，粗脂肪含量 5.42%，粗淀粉含量 74.06%，赖氨酸含量 0.30%。抗大斑病（1～3 级），抗灰斑病（1～3 级），中抗弯孢菌叶斑病（1～5 级），中抗茎腐病（1～5 级），中抗丝黑穗病（发病株率 0.0%～6.8%）。

技术要点

最佳播种时间 5 月上旬，种植密度在 2 800～3 000 株 / 亩，适宜大垄双行、二比空和膜下滴灌等高产栽培模式。在播种之前需要对种子进行挑选并晒种 2～3 天，使用种衣剂包衣。播种深度保证镇压后种子在地表以下 2～3cm 处最佳。可机械化精量播种，机械化收割。

适宜地区

辽宁省春播生育期 130 天左右，属晚熟玉米杂交种。适宜在辽宁省大连市、鞍山市、锦州市、葫芦岛市等环渤海地区全生育期活动积温 3 000℃以上的晚熟玉米区种植。

注意事项

单粒精播需要简单定苗，去除虫害株、弱株，对健壮、无病株进行留苗，确保苗的质量。在缺苗断垄处必须尽早除去分蘖。对三类苗，同田生长高矮不一的弱苗可追施肥料，促使全田生长整齐一致。

良玉 99 玉米

品种来源

良玉 99 是由丹东登海良玉种业有限公司以良玉 M03 为母本，良玉 M5927 为父本杂交组配而成。

特征特性

该品种株型紧凑，株高 273cm，穗位 106cm，成株叶片数 19～20 片。花丝粉色，果穗粗筒形，穗长 17.6cm，穗行数 18 行，穗轴红色，籽粒半马齿形，百粒重 32.7g，出籽率 89.2%。籽粒容重 760g/L，粗蛋白质含量 9.75%，粗脂肪含量 4.77%，粗淀粉含量 73.36%，赖氨酸含量 0.27%。茎秆粗，高抗倒伏，抗 8 级大风。高抗青枯病、丝黑穗病、粗缩病和矮花叶病毒病。

技术要点

在环渤海辽宁地区种植应适时晚播，最佳播种时间为 5 月中旬，种植密度 4 500 株 / 亩。适宜大垄双行、二比空和膜下滴灌等高产栽培模式。

在播种之前需要对种子进行挑选并晒种 2～3 天，使用种衣剂包衣。播种深度保证镇压后种子在地表以下 2～3cm 处为最佳。可机械化精量播种，机械化收割。

适宜地区

春播生育期 128 天左右，全生育期需 ≥10℃ 积温 2 750℃ 左右，适宜在东北春玉米区域种植。

注意事项

确保种植密度不低于 4 300 株/亩。单粒精播需要简单定苗，去除虫害株、弱株，对健壮、无病株进行留苗，确保苗的质量。在缺苗断垄处必须尽早除去分蘖。对三类苗，同田生长高矮不一的弱苗可追施肥料，促使全田生长整齐一致。

辽单 506 玉米

品种来源

辽单 506 是辽宁省农业科学院以自选系辽 2386 为母本，辽 1203 为父本组配的玉米单交种。2013 年通过辽宁省农作物品种审定委员会审定，审定编号为辽审玉〔2012〕594。

特征特性

株型半紧凑，株高 318cm，穗位 138cm，成株叶片数 21 片，花丝浅紫色，雄穗分枝数 9～14 个，花药紫色，颖壳紫色。果穗筒形，穗柄短，苞叶短，穗长 19.2cm，穗粗 5.3cm，穗行数 16～18 行，穗轴红色，籽粒黄色，粒型为马齿形，百粒重 37.9g，出籽率 85.1%。籽粒容重 739.8g/L，粗蛋白质含量 9.70%，粗脂肪含量 4.13%，粗淀粉含量 74.7%，赖氨酸含量 0.32%。中抗大斑病（1～5 级），高抗灰斑病（1 级），感弯孢菌叶斑病（1～7 级），中抗茎基腐病（1～5 级），感丝黑穗病（发病株率 0.0%～11.5%）。

技术要点

最佳播种时间 4 月下旬，种植密度 4 000 株/亩。适宜大垄双行和膜下滴灌等高产栽培模式。在播种之前需要对种子进行挑选并晒种 2～3 天，使用种衣剂包衣。播种深度保证镇压后种子在地表以下 2～3cm 处为最佳。可机械化精量播种，机械化收割。

适宜地区

春播生育期 132 天，全生育期需 ≥10℃ 积温 2 850℃ 左右，适宜在东北春玉米区域种植。

注意事项

确保种植密度不低于 3 800 株/亩。单粒精播需要简单定苗，去除虫害株、弱株，对健壮、无病株进行留苗，确保苗的质量。在缺苗断垄处必须尽早除去分蘖。对三类苗，同田生长高矮不一的弱苗可追施肥料，促使全田生长整齐一致。

圣稻 19 水稻

品种来源

圣稻 19 是山东省水稻研究所育成，以系镇稻 88 与圣稻 301 杂交系统选育而成，2009 年通过山东省农作物品种审定委员会审定，审定编号鲁农审 2009027 号。

特征特性

属中晚熟品种，株型清秀紧凑，芽鞘白色，叶鞘、叶片绿色，叶耳浅绿色，叶舌白色，剑叶短、厚、直立；穗直立；颖壳茸毛多，有短芒，护颖白色，谷粒椭圆形。区域试验结果：全生育期 161 天，比对照临稻 10 号晚熟 3 天；亩有效穗 21.8 万穗，成穗率 80.0%；株高 97.3cm，穗长 15.8cm，穗实粒数 126.0 粒，结实率 87.0%，千粒重 25.2g。2010 年经农业部稻米及制品质量监督检验测试中心（杭州）测试，质量达到 GB/T 17891—1999《优质稻谷》2 级标准。抗稻瘟病。在 2010—2011 年山东省水稻品种中晚熟组区域试验中，两年平均亩产 641.6kg，比对照临稻 10 号增产 7.7%。

技术要点

适宜密度为每亩基本苗 60 000～80 000 株，亩栽 18 000～20 000 穴。其他管理措施同一般大田。

适宜地区

在鲁南、鲁西南地区作为麦茬稻推广利用。

圣稻 14 水稻

品种来源

圣稻 14 由山东省水稻研究所、中国农业科学院作物科学研究所育成，为武优 34 与 T022 杂交后系统选育。2007 年通过山东省农作物品种审定委员会审定，审定编号为鲁农审 2007024 号。

特征特性

该品种属中早熟品种。区域试验结果显示：该品种全生育期 148 天，比对照香粳 9407 早熟 2 天。亩有效穗 24.9 万穗，株高 85.8cm，穗长 14.1cm，穗实粒数 95.2 粒，结实率 92.0%，千粒重 25.6g。2006 年经农业部稻米及制品质量监督检测中心（杭州）品质分析，米质符合一等食用粳稻标准。2005 年经中国农业科学院水稻研究所抗病性鉴定，该品种中抗稻瘟病，苗期中抗白叶枯病、成株期中感白叶枯病。在 2005—2006 年度山东省水稻中早熟组品种区域试验中，年均亩产 554.2kg，比对照香粳 9407 增产 14.7%。

津原 89 水稻

品种来源

津原 89 为天津市原种场选育。以津原 E28 作为父本与津原 11 杂交选育而成，2015 年通过天津市农作物品种审定委员会审定，品种审定编号为津审稻 2015001（津农种〔2015〕75 号）。

特征特性

该品种为常规粳稻品种，全生育期 173 天。株高 104.2cm，穗长 19.5cm，每穗总粒数 185.4 粒，结实率 93.1%，千粒重 30.8g，亩有效穗 13.7 万穗，成穗率 86.4%。2014 年经天津市植物保护研究所鉴定，该品种稻瘟病综合抗性指数 5.0，穗瘟损失率最高级 5 级，中感（MS）稻瘟病，条纹叶枯病发病率 7.9%，抗（R）条纹叶枯病。2012 年农业部谷物品质监督检验测试中心（武汉）检测，米质主要指标为：整精米率 72.7%，垩白粒率 35%，垩白度 3.8%，直链淀粉含量 17.0%，胶稠度 80mm。

2012 年区域试验，平均亩产 730.6kg，比对照津原 45 增产 8.4%；2013 年区域试验，平均亩产 660.5kg，比对照津原 45 增产 8.2%；2014 年生产试验，平均亩产 691.9kg，比对照津原 45 增产 12.0%。

适宜地区

适宜在天津市一季春稻种植。

注意事项

（1）做好播种前晒种与消毒。

（2）适宜的播种期为 4 月上中旬，插秧期为 5 月中下旬。

（3）适宜的插秧密度，行距 30cm，株距 15～18cm，每穴 3～5 苗。

（4）预防稻瘟病和稻曲病，稻穗破口前 5～7 天喷施药防治一次，齐穗期防治一次。

（5）及时防治稻水象甲、二化螟等虫害。

武津粳 1 号水稻

品种来源

武津粳 1 号为江苏（武进）水稻研究所和天津市农作物研究所选育。以武香粳 14 号作为父本与扬粳 9538 杂交选育而成，2012 年通过天津市农作物品种审定委员会审（认）定，品种审定编号为津审稻 2012003。

特征特性

该品种为常规粳稻，全生育期 174 天，株高102.9cm，穗长 15.4cm，每穗总粒数 153.7 粒，结实率 95.5%，千粒重 26.7g，亩有效穗 20.9 万穗，成穗率 88.5%。2012 年经天津市植物保护研究所鉴定，该品种中感（MS）稻瘟病，中抗（米 R）条纹叶枯病。经农业部谷物品质监督检验测试中心（武汉）检测，该品种糙米率 85.6%，精米率76.2%，整精米率 72.1%，粒长 4.9mm，长宽比1.6，垩白粒率 26%，垩白度 2.6%，直链淀粉含量 15.2%，胶稠度 80mm，透明度 1 级，碱消值 5.3级，水分 12.1%。达 GB/T 17891—1999《优质稻谷》3 级标准。

2011 年天津市春稻区试，平均亩产 710.6kg，比对照津原 45 增产 3.1%；2012 年天津市春稻区试，平均亩产 699.1kg，比对照津原 45 增产 3.8%；2012 年天津市春稻生产试验，平均亩产 627.1kg，比对照津原 45 增产 3.9%。

适宜地区

适宜在天津市一季春稻种植。

注意事项

（1）适宜中上等肥力水平种植，4 月上中旬播种，播种量每亩 45kg 左右。播种前种子必须进行药剂处理，预防干尖线虫病和恶苗病。

（2）5 月中下旬移栽，密度为行距 30cm、株距 15cm，每穴 2～3 苗。

（3）以全层施肥为主，追肥为辅，氮、磷、钾配合使用，采用重前轻后的施肥方法，前期主攻穗数，适当控制后期氮素用量。

（4）浅水插秧，深水缓苗，浅水分蘖。分蘖末期应落干烤田。

（5）主要防治稻曲病、穗颈稻瘟病，出穗前后至少防治稻曲病、穗颈稻瘟各 1 次。虫害坚持要治早、治小的原则。

津原 93 水稻

品种来源

津原 93 为天津市原种场选育。以津原 45 作为父本，与津原 47 杂交选育而成，2012 年通过天津市农作物品种审定委员会审定，品种审定编号为津审稻 2012002。

特征特性

该品种为常规粳稻，全生育期 177 天，株高 110cm，穗长 19.8cm，每穗总粒数 178.4 粒，结实率 91.8%，千粒重 22.2g，亩有效穗 20.5 万穗，成穗率 85.2%。2012 年经天津市植物保护研究所鉴定，该品种中抗（MR）稻瘟病，抗（R）条纹叶枯病。经农业部谷物品质监督检验测试中心（武汉）检测，该品种糙米率 85.4%，精米率 74.3%，整精米率 72.2%，粒长 4.6mm，长宽比 1.6，垩白粒率 26%，垩白度 2.3%，直链淀粉含量 17.0%，胶稠度 80mm，透明度 1 级，碱消值 6.3 级，水分 11.9%。达 GB/T 17891—1999《优质稻谷》3 级标准。

2011 年天津市春稻区试，平均亩产 703.9kg，比对照津原 45 增产 2.2%；2012 年天津市春稻区试，平均亩产 700.5kg，比对照津原 45 增产 4.0%；2012 年天津市春稻生产试验，平均亩产 665.5kg，比对照津原 45 增产 10.2%。

适宜地区

适宜在天津市一季春稻种植。

注意事项

（1）做好播种前晒种与消毒，咪鲜胺·杀虫单浸种 4～5 天。

（2）适宜播种期 4 月上旬，插秧期 5 月中下旬。

（3）适宜密度：行距可采用 30cm，株距 20cm，每亩 1.1 万～1.2 万穴，每穴 3～5 苗。

（4）地力中等的本田施尿素不超过 15kg、磷酸二铵 12.5kg，配合施用钾肥、锌肥，施好颖花分化肥。

（5）科学管水，水质含盐量高、勤换水。

（6）及时防治各种病、虫害。

津原 47 水稻

品种来源

津原 47 为天津市原种场选育。杂交组合为月之光、中作 321、辽盐 4 号，2004 年通过国家农作物品种审定委员会审定，品种审定编号为国审稻 2004044。

特征特性

该品种属粳型常规稻品种，在京、津、唐地区种植全生育期 176.9 天，比对照中作 93 晚熟 4 天。株高 97.2cm，穗粒数 112.5 粒，结实率 84.5%，千粒重 26.8g。稻瘟病 3 级。米质主要指标：整精米率 69.1%，垩白粒率 22%，垩白度 2.2%，胶稠度 85mm，直链淀粉含量 16.7%。熟期偏晚，产量高，中抗稻瘟病，米质优。

2002—2003 年两年区域试验平均亩产 591.9kg，比对照中作 93 增产 9.4%。2003 年生产试验平均亩产 568.9kg，比对照中作 93 增产 5.4%。

适宜地区

适宜在北京市、天津市、河北省中北部一季春稻区种植。

注意事项

（1）培育壮秧：根据当地种植习惯与中作93同期播种，秧龄45天左右。

（2）移栽：栽插规格为27cm×18cm或30cm×15cm，每亩1.3万～1.5万穴，每穴插3～4苗。

（3）肥水管理：一般亩施纯氮16kg左右，底肥施五氧化二磷6kg，配合施用钾肥；水浆管理要做到浅水勤灌，适时晒田，齐穗后10天干干湿湿，收获前7天停水。

（4）防治病虫：注意防治稻曲病。

津稻 179 水稻

品种来源

津稻 179 为天津市水稻研究所选育。母本津稻 9618，父本 R148 为天津市水稻研究所育成的粳型恢复系，杂交后系统选育而成。2011 年通过天津市品种审定委员会审（认）定，品种审定编号为津审稻 2011001。2014 年通过国家农作物品种审定委员会审定，品种审定编号为国审稻 2014039。

特征特性

粳型常规水稻品种。京、津、唐粳稻区种植，全生育期 175.4 天，与对照津原 45 相当。株高 114.9cm，穗长 21.3cm，穗粒数 139.5 粒，结实率 92.3%，千粒重 25.1g。抗性：稻瘟病综合抗性指数 3.0，穗颈瘟损失率最高级 5 级，条纹叶枯病最高发病率 4.3%；中感稻瘟病，高抗条纹叶枯病。米质主要指标：整精米率 72.3%，垩白粒率 11.3%，垩白度 0.9%，直链淀粉含量 16.7%，胶稠度 84.3 mm，达到 GB/T 17891—1999《优质稻谷》2 级标准。

2011—2012 年区域试验平均亩产 660.0kg，比津原 45 增产 6.3%；2013 年生产试验，平均亩产 638.4kg，比津原 45 增产 8.8%。

适宜地区

适宜北京市、天津市、山东省东营市、河北省冀东及中北部地区一季春稻区种植。

注意事项

适期播种，培育带蘖壮秧；秧龄 35 天左右，株行距 26.6cm×13.3cm，每穴栽 4～6 株；施肥宜早，早促早发；播前药剂浸种，防治干尖线虫病和恶苗病；注意及时防治稻曲病、二化螟等病虫害。

盐丰 47 水稻

品种来源

盐丰 47 是辽宁省盐碱地利用研究所选育，以光敏不育系 AB005S 转育的各类新型不育系为母本，以丰锦、辽粳 5 号等品种为父本，自然杂交系选而成。2006 年通过国家农作物品种审定委员会审定，审定编号为国审稻 2006068。

特征特性

该品种属粳型常规水稻。在辽宁南部、京津地区种植全生育期 157.2 天，属中晚熟品种，株高 95～97cm，株型松散适中，分蘖力强，半紧穗型，穗长 14.9cm，穗粒数 116 粒，千粒重 25.5g，少芒。糙米率 83.5%，精米率 76.2%，整精米率 63.3%，粒长 5.0mm，长宽比 1.6，垩白粒率 37%，垩白度 6.5%，透明度 2 级，碱消值 7 级，胶稠度 80mm，直链淀粉含量 15.7%，蛋白质含量 8.2%。米质优良，食味极佳，达到 GB/T 17891—1999《优质稻谷》2 级标准。该品种光合作用强，谷草比高，耐盐碱，耐低温，耐肥抗倒性较强，对水稻条纹叶枯病有较好的抗性，中抗叶瘟病与穗颈瘟。

　　该品种自审定以来，在辽宁滨海稻区累计推广 3 000 多万亩，平均亩产 650～750kg，最高亩产 912kg。

技术要点

　　（1）培育壮秧：4 月 10—15 日播种。播种前种子必须浸种消毒，旱育苗播种量 250g/m²，盘育苗每盘用种量 85～95g，每盘装育苗基质厚度 2.5cm，浇水后盘底有少量水渗出，覆土厚度 0.5cm。

　　（2）合理密植：5 月 15—25 日插秧。行距 30 cm，穴距 16～18cm，每穴 4～5 株，移栽基本苗 5 万～6 万株/亩。插秧质量要保证密、浅、正、直、匀、满、齐、护、同。

　　（3）科学施肥：有机肥和化肥配合施用，化肥氮、磷、钾肥要平衡施用。翻耕或旋耕前施入工厂化有机肥 100～200kg/亩。施氮 15～18kg/亩、五氧化二磷 6～9kg/亩、氧化钾 5～10kg/亩、硅肥 40～50kg/亩，锌肥 1.5kg/亩。氮肥分为基肥 50%～70%、蘖肥 20%～35%、穗肥 10%～15%，基肥于旋耕前施入，蘖肥于插后 2 叶龄期施入，穗肥于倒 4 叶龄期施入。磷肥、硅肥、锌肥全部做基肥施入，钾肥分为基肥或蘖肥 65%、穗肥 35%。

（4）水分管理：做到浅水栽秧，深水护苗，薄水分蘖，够苗晒田，后期不脱水过早。病虫防治：注意稻水象甲和二化螟的防治，病害以防治稻瘟病为主，个别地区注意同时防治条纹叶枯病和纹枯病。

适宜地区

适宜在辽宁省南部、新疆维吾尔自治区南部、山东省、河北省、北京市、天津市稻区种植。

注意事项

超高产田块加强对穗颈瘟、纹枯病的防治。

盐粳 218 水稻

品种来源

盐粳 218 是辽宁省盐碱地利用研究所育成，以（盐粳 132/ 辽粳 135）F_1 为母本，以盐丰 47 为父本复交，后代按系谱法选育而成。2010 年通过辽宁省农作物品种审定委员会审定。

特征特性

全生育期 161 天，属中晚熟品种。苗期叶色深绿，叶片直立，株高 108.1cm，株型紧凑，分蘖力较强。主茎 16 片叶，紧穗型，穗长 16.1cm，穗粒数 129.1 个，千粒重 24.4g。颖壳色黄白，无芒。糙米率 81.7%，精米率 72.9%，整精米率 69.1%，粒长 4.7mm，长宽比 1.7，垩白粒率 18%，垩白度 1.7%，透明度 1 级，碱消值 7 级，胶稠度 73mm，直链淀粉含量 17%，蛋白质含量 8.4%，综合评定达到 GB/T 17891—1999《优质稻谷》2 级标准。耐盐碱能力强，抗早衰能力强，枝梗无早衰现象，对低温不敏感，茎秆坚韧抗倒伏，抗穗颈瘟，纹枯病发病指数较低。

2007—2008 年两年区试平均亩产 640.6kg，比对照增产 4.4%。现在辽宁省盘锦市、营口市、海城市、东港市大面积种植，平均亩产 650～700kg，最高亩产 800kg 以上。

技术要点

（1）培育壮秧：一般在 4 月上旬采用隔离层旱育苗或钵盘旱育苗，普通旱育苗每平方米控制在 200g 以内，钵盘育苗控制在 450g/m² 以内。使用水稻浸种消毒剂、壮秧剂、苗床除草剂培育壮秧，提高秧苗素质。

（2）适时早插，合理密植：一般在 5 月中旬至 5 月末插秧。插秧密度以 30cm×14cm 或 30cm×16cm 为宜，平均每穴 3～4 株苗。

（3）合理配方施肥：施肥上做到有机肥和无机肥相结合，氮、磷、钾平衡施用。氮、磷、钾比例以 1∶0.5∶0.3 为宜，并增施硅肥和锌肥。氮肥总用量控制在 65kg 以内（标氮）。底肥按氮肥总量的 30% 和磷肥一次施入，返青肥施入 15% 氮肥，一次蘖肥施入 20% 氮肥，二次蘖肥施入 20% 氮肥和全部钾肥，穗肥施入 15% 氮肥。

（4）科学管水：实行浅、湿、干间歇节水灌溉。返青至分蘖盛期保持浅水层，分蘖末期停止供水、适当晾田，拔节孕穗及抽穗开花期保持水层，成熟期干湿结合，黄熟期适时撤水。

（5）病虫防治：该品种抗稻瘟病、稻曲病，纹枯病较轻，一般年份不需要药剂防治，根据预报稻瘟病重发生年份应积极防治。对稻水象甲、二化螟等虫害注意防治。

适宜地区

适宜在辽宁省沈阳市以南的中晚熟稻区种植，在纬度相近的北方稻区可以引种试种。

盐粳 456 水稻

品种来源

盐粳 456 是辽宁省盐碱地利用研究所选育，以盐丰 47 为母本、辽粳 207 为父本杂交选育而成的水稻新品种。2011 年通过辽宁省农作物品种审定委员会审定。

特征特性

生育期 163 天左右，属中晚熟品种。苗期叶色浓绿，叶片直立，株高 104.9cm，株型紧凑，分蘖力较强，主茎 16 片叶，半紧穗型，穗长 18cm，穗粒数 124.3 粒，千粒重 25.7g，颖壳色黄，无芒。糙米率 83.8%，精米率 74.5%，整精米率 70.6%，粒长 4.6mm，长宽比 1.6，垩白粒率 19%，垩白度 2.9%，透明度 1 级，碱消值 7 级，胶稠度 78mm，含直链淀粉含量 15.4%、蛋白质含量 9%，达到 GB/T 17891—1999《优质稻谷》2 级标准。抗穗颈瘟病。

2008—2009 年参加辽宁省水稻中晚熟组区域试验，两年平均亩产 669.8kg，比对照辽粳 9 号增

产 8.7%；2009 年参加同组生产试验，平均亩产
665.2kg，比对照增产 10.6%。

技术要点

（1）整地：翻耕整地后进行旱修边、旱筑埂
等作业，泡田 3～5 天后进行水耙地，沉淀 3～7
天后插秧。

（2）培育壮秧：4 月 10—20 日育苗，每盘播
干种 80～100g，秧龄控制在 30～35 天。苗期注
意温度、水分管理及青立枯病防治。

（3）适时插秧：5 月中旬至下旬插秧，行距
30cm，穴距 14～18cm，每穴 4～5 株，移栽基本苗
6 万～7 万株 / 亩。插秧要求密、浅、正、直、满。

（4）平衡施肥：做到有机肥与无机肥配合使
用，平衡施入氮、磷、钾、硅肥。基施化肥应与
机械整地相结合，实现全层施入。翻耕或旋耕前
施入充分腐熟的优质农肥 500kg/ 亩。施氮肥（N）
15～18kg/ 亩、磷肥（P_2O_5）6～7kg/ 亩、钾肥（K_2O）
3～4kg/ 亩、硅肥 40～50kg/ 亩。氮肥分为基肥
50%～65%、蘖肥（第一次、第二次蘖肥比例 4:6）
25%～35%、穗肥 10%～15%，基肥于旋耕前施入，
蘖肥于水稻 5.5～6.0 叶龄、7.0～7.5 叶龄期两次施入，
穗肥于水稻 12.0 叶龄期施入。磷肥、硅肥全部做基

肥施入，钾肥分为二次蘖肥 65%、穗肥 35%。

（5）合理灌溉：移栽期保持水层 3～5cm；缓苗期保持水层 5～8cm；分蘖前期保持水层 3～5cm；分蘖中期保持水层 0～5cm；茎蘖数达到 20 万～24 万／亩，并在水稻拔节期适度晾田；幼穗分化形成期保持水层 3～5cm；孕穗期保持水层 3～8cm；抽穗开花期及灌浆前期保持水层 0～5cm；灌浆后期及成熟期采取浅、湿间歇灌溉；收割前 10～15 天逐渐落干水层。

适宜地区

适宜在沈阳市以南中晚熟稻区种植。

注意事项

注意防治稻水象甲、二化螟等虫害。

盐粳 22 水稻

品种来源

盐粳 22 是辽宁省盐碱地利用研究所育成，以 04F$_1$-40（盐丰 47-6/ 吉 2000F20）为母本，以 04F$_{3333}$-1（三系 02 原 96/ 稻作所引材料）为父本人工杂交选育而成。2015 年通过辽宁省农作物品种审定委员会审定，审定编号为辽审稻 2015016。

特征特性

生育期 159 天左右，属中晚熟品种。苗期叶色浓绿，根系发达，缓苗快。株型紧凑，叶片直立，分蘖力强，株高 103.3cm 左右，半紧穗型，平均每穴 17.6 穗，穗长 15.6cm，穗粒数 145.8 个，千粒重 25.6g，颖壳色黄，无芒。

该品种出米率高，透明度好，垩白少，食味好。糙米率 82.5%，精米率 74.9%，整精米率 74.2%，粒长 4.9mm，长宽比 1.8，垩白粒率 19%，垩白度 2.4%，透明度 1 级，碱消值 7.0，胶稠度 68mm，直链淀粉含量 16.2%，蛋白质含量 7.9%，米质综合评定为 GB/T 17891—1999《优质稻谷》2级标准。耐盐碱能力较强，抗旱衰，活秆成熟，茎秆坚韧抗倒伏。抗稻瘟病，纹枯病和稻曲病很少发生。

该品种属穗数、穗重兼顾型品种，产量结构合理，丰产、稳产性好，增产潜力大。2013—2014年参加辽宁省水稻中晚熟组区域试验，两年平均亩产693.0kg，比对照辽粳9号增产6.2%；2014年参加同组生产试验，平均亩产712.1kg，比对照增产8.9%。

技术要点

（1）培育壮秧：采用旱育秧稀播种技术，降低播种量，隔离层育苗控制在200g/m²以内，钵盘育苗控制在450g/m²以内。合理使用水稻浸种消毒剂、壮秧剂、苗床除草剂等，注意苗期肥水管理和病虫害预防，隔离层育苗秧龄控制在40～45天，钵盘育苗秧龄控制在30～35天。

（2）适时插秧，合理密植：根据气温和水情应适时早插，插秧密度以30cm×14cm、30cm×16cm，每穴3～4株为宜。

（3）合理施肥：实行有机肥、无机肥及生物肥配合使用，平衡施入氮、磷、钾及微肥，做到"前促、中稳、后控"。翻耕或旋耕前施入充分腐熟的优质农家肥 500kg/ 亩；亩施标氮 65～70kg，磷肥 10kg，钾肥 15kg；氮肥分底肥 20%～40%、蘖肥 30%～50%、穗肥 20%～30% 施入。磷肥分底肥 50%、一次蘖肥 50% 施入。钾肥分二次蘖肥 67%、促花肥 33% 施入。复合微肥以底肥方式施入 2～3kg/ 亩。

（4）科学管水：采用节水灌溉技术，以浅水为主，浅一湿一干间歇灌溉。返青至分蘖期保持浅水层，茎蘖数达到预期收获穗数 80%～90% 适度晾田，灌浆后期及成熟期采取浅、湿间歇灌溉，收割前 7～10 天逐渐落干水层。

适宜地区

适宜在沈阳以南中晚熟稻区种植。

注意事项

注意对二化螟的防治，加强对干尖线虫病的防治。

冀 178 棉花

品种来源

冀 178 是河北省农林科学院棉花研究所以选自夏播短季棉品种中棉所 16 的 508 系为母本，以选自国审棉品种冀棉 169 且综合性状优良的 169 系为父本选育而成的棉花新品种，该品种具有早熟、稳产、纤维品质优良、抗病性好、适宜棉麦套作等特点，2008 年获得农业转基因生物安全证书（生产应用）[农基安证字（2008）第 135 号]，2015 年通过河北省农作物品种审定委员会审定，审定编号为冀审棉 2015010。

特征特性

冀 178 属转基因抗虫常规棉晚春播品种，生育期 116 天。出苗快、苗势壮，生育期长势稳健整齐。植株塔形、清秀，透光性好，茎秆较粗壮，茸毛中等密度；叶色深绿，叶片大小中等，功能期较长；结铃性较强且集中，吐絮肥畅。植株较紧凑，株高 94.3cm，单株平均果枝数 10.2 个，第一果枝节位 6.3 节，单株平均成铃 9.9 个，铃卵圆形，铃壳薄，苞叶大，单铃重 5.2g，籽指 9.5g，衣分 37.8%，霜前花率 76.8%。高抗枯萎病、耐黄萎病。纤维品质优良。

2012—2013 年河北省中南部晚春播棉组区域试验及 2014 年河北省中南部晚春播棉组生产试验，冀 178 平均皮棉产量和霜前皮棉产量表现较好，均位于同组前列。

技术要点

（1）适时播种：于 5 月中下旬播种，不得晚于 5 月 25 日。

（2）增加密度：中等地力密度 5 000～6 000 株/亩，旱薄地 6 000 株/亩以上。

（3）施足基肥：亩施磷酸二铵 20～30kg、尿素 15kg、钾肥 15kg，初花期及时追肥浇水，重施花铃肥，后期追施叶面肥防早衰。

（4）肥水管理：花铃期根据棉花长势长相浇水 1 次，同时亩追施尿素 7.5kg 左右，叶面喷施硼肥 1～2 次，保铃防早衰。

（5）适时化控：棉花长出 4～5 片真叶时亩用 0.5～1.0g 缩节胺，7～8 片真叶时亩用 1.0～1.5g 缩节胺，在盛蕾期至花铃期亩用缩节胺 2.0～2.5g，需进行 2～3 次。视发生程度防治第一代棉铃虫，第二代、第三代棉铃虫要及时防治，并注意防治棉田其他害虫。

适宜地区

适宜于河北省的石家庄市、衡水市以南棉区晚春播种植及邯郸地区麦套种植。

注意事项

棉麦套作模式下，冀178播种期为4月中下旬，出苗后及时定苗，在棉苗4～5片真叶时进行中耕、灭茬、除草和化学防控；早打顶；10月初施用乙烯利，促使棉铃早开裂，早吐絮；收获期及时采收，争取早腾茬，早种麦。

冀 968 棉花

品种来源

棉花新品种冀 968 是河北省农林科学院棉花研究所最新培育的品种，该品种具有丰产、抗病、纤维品质优良等特点，2017 年获得农业部转基因安全评价［农基安证字（2017）第 057 号］，2017年通过河北省农作物品种审定委员会审定，审定编号为冀审棉 2017008。

特征特性

属转基因抗虫棉品系，全生育期 128 天，株高 96.8cm，果枝始节位 6.5，铃重 6.5g，衣分 41.8%，籽指 10.2g。植株中等，塔形，株型松紧适中，茎秆茸毛较少，叶片中等大小，叶色深绿，铃较大，卵圆形，铃尖不明显。出苗好，苗势旺，整个生育期长势强，整齐度好，后期叶功能好，吐絮较早，早熟不早衰，结铃性较好，丰产性好，吐絮肥畅易采收。抗枯萎病，耐黄萎病，纤维品质优良。抗棉铃虫等鳞翅目害虫。抗枯萎病，耐黄萎病。经农业部棉花品质监督检验测试中心分析（HVICC 校验水平），该品种纤维长度 30.8mm，比强 31.2cN/tex，马克隆值 4.8，品质优良。

技术要点

适时播种：4 月下旬播种，小型播种机条播，覆盖地膜。施足底肥：底肥以有机肥为主，另外，播种前亩施磷酸二铵 20～30kg，尿素 15kg，钾肥 15kg。亩密度：肥力中等地块亩密度 3 200～3 700 株。肥水管理：花铃期根据棉花长势长相浇水 1 次，同时亩追施尿素 7.5kg 左右，叶面喷施硼肥 1～2 次，保铃防早衰。防治虫害：应及时防治除棉铃虫以外的蚜虫、棉蓟马、红蜘蛛和盲蝽象等棉花害虫。适时化控：在棉花蕾期、花铃期用缩节胺进行化控，掌握少量多次原则，蕾期用量 1.0～1.5g，初花期用量 2.0g，花铃期用量 2.5～3.0g。

适宜地区

适宜河北省东部棉区春播种植。

注意事项

按照河北省东部春播棉区栽培即可；如果要进行机械化采收，按照采棉机的采收要求进行，一般为 76cm 等行距进行种植，密度 3 500～4 000 株 / 亩。

冀 2658 棉花

品种来源

棉花新品种冀 2658 是河北省农林科学院棉花研究所最新培育的品种，2010 年获得农业部转基因生物安全证书，可以在黄河流域进行生产；2015 年 5 月通过河北省农作物品种审定委员会审定，审定编号为冀审棉 2015002。

特征特性

棉花新品种冀 2658 属中熟转基因抗虫棉常规品种，具有丰产、抗病、纤维品质优良等特点，可以进行机械化采收种植。全生育期 128 天，出苗较快，苗期长势较强，整齐一致，中后期长势强，整齐度好；植株较高，株型塔形，松紧适中，茎秆有茸毛，茸毛较稀；叶片掌状，中等大小，花铃期叶色深绿，叶功能期长；结铃性强且集中，铃卵圆形，有铃尖，铃大小中等；后期不早衰，对落叶剂敏感，吐絮肥畅，含絮适中，适于机械化采收。籽指 10.7g，衣分 38.6%，霜前花率 82.3%。抗棉铃虫、红铃虫等鳞翅目害虫，抗枯萎病，耐黄萎病。区域试验样品经农业部棉花品质监督检验测试中心检测，2012—2013 年两年结果平均为：上半部平均长度 29.0mm，断裂比强度 30.1cN/tex，马克隆值 5.1，整齐度指数 84.2%，伸长率 5.6%，反射率 76.2%，黄度 7.8，纺纱均匀指数 133.9，达到细绒棉Ⅱ型标准。

技术要点

施足基肥：重施底肥，磷酸二铵 20kg，尿素 20kg，氯化钾肥 10kg。适时播种：黄河流域地膜覆盖 4 月 10—20 日，露地棉 4 月 20—30 日；播前凉晒种子，干籽播种。合理密植：高水肥地 2 500～2 800 株/亩，中等地力 3 300～3 500 株/亩，旱薄地 4 000～5 000 株/亩。简化整枝：现蕾后抹裤腿 1 次，7 月 15 日前打顶尖 1 次即可。虫害综合防治：及时防治地老虎、蚜虫、红蜘蛛、棉蓟马、盲椿象等害虫，并在棉铃虫重发生年份根据实际虫情适当防治。肥水管理：在初花期及时追肥浇水，盛花后期补施磷钾肥，加强中后期管理。适时化控：对有旺长趋势的棉田使用缩节胺化控，掌握"少量多次"的原则。

适宜地区

河北省中南部棉区春播种植。

注意事项

按照冀中南棉区常规种植进行栽培即可，由于该品种长势较强，应注意化控，按照"少量多次"的原则进行；如果要进行机械化采收，按照采棉机的采收要求进行，一般为 76cm 等行距进行种植，密度 3 500～4 000 株 / 亩。

冀棉 229 棉花

品种来源

冀棉 229 是河北省农林科学院棉花研究所，以冀棉 616 为母本，陆海远缘杂交优质系 2118 为父本杂交选育而成的高产稳产棉花新品种，2010—2012 年参加冀中南区组试验和生产试验，2011—2012 年参加黄河流域区域试验，2013 年 4 月通过河北省农作物品种审定委员会审定，审定编号为冀审棉 2013004。

特征特性

冀棉 229 生育期 124 天，植株中等，株高 90cm 左右，茎秆较粗壮，株型紧凑，主茎节间和果枝节间均短，果枝始节位较低，第一果枝节位 6.5 节，叶片呈绿色较小，生长稳健，田间通透性好。单株结铃性较强，衣分 41.5%。铃卵圆形，吐絮肥畅。早熟性好，霜前花率 91.5%。

2010—2011 年冀中南春播常规棉区域试验，15 个试验点次，霜前皮棉平均 91.7kg/亩，比对照品种冀棉 958 增产 6.92%。

2011—2012 年农业部棉花品质监督检验测

试中心检测，黄河流域和冀中南棉区棉花春棉品种区域试验平均结果为：纤维上半部平均长度28.7mm，断裂比强度29.5cN/tex，马克隆值5.2，断裂伸长率5.7%，反射率75.6%，黄度7.7，整齐度指数84%，纺纱均匀性指数132。

河北省农林科学院植物保护研究所鉴定抗病结果为抗枯萎、耐黄萎类型。

技术要点

适宜播期为地膜棉4月20日左右、裸地直播4月25日左右。中等地力种植密度3 500株/亩左右，高水肥地力3 000株/亩左右。中等地力棉田亩施有机肥2～3m³、复合肥50kg作底肥。盛蕾至初花期及时浇水，亩追施尿素20kg。根据田间长势、天气状况适时适量喷施缩节胺。注意防治棉盲椿象、蚜虫、红蜘蛛和白飞虱等害虫。

适宜地区

冀中南棉区及同类生态区。

注意事项

该品种株型紧凑，注意缩节胺用量要比一般品种减少。

第二章
新型农业机械

卷盘式淋灌机

技术目标

卷盘式淋灌机是一种将牵引 PE 管缠绕在绞盘上，利用压力水驱动水涡轮旋转或电机、汽油机驱动旋转，经变速装置驱动绞盘旋转，并牵引淋灌桁架车自动移动同时完成淋洒作业的灌溉机械。

技术要点

（1）淋灌机到达工作位置后，调整绞盘使桁架车行走方向与灌溉条带一致，并锁定。

（2）放下淋灌车，将其拉至所需灌溉地块条带另一端，牵引速度不得超过 5km/h。当卷管在太阳下暴晒且气温超过 35℃时，应先接通供水系统，通水冷却后再牵引。

（3）淋灌机运行前应检查各组成部件工作状态是否正常，连接是否可靠，如发现问题应及时排除。

（4）调节淋灌桁架、检查喷头符合作业要求，接通淋灌机供水系统，准备供水。

（5）启动水泵，提供压力水。如需增压泵时，应先启动潜水泵或自吸泵，待水流稳定后再启动增压泵。

（6）当淋灌工作正常后，应调节调速装置使淋灌车行走速度符合要求。

（7）灌溉机转移前应升起淋灌车，收起支撑架，将绞盘回复到搬运位置，并分别锁定，转移时淋灌机速度在公路上不得超过 10km/h，田间不得超过 5km/h。

（8）维护：应按说明书要求定期对灌机零部件进行保养，保持设备清洁。每次作业后检查各部分连接件是否正常、轮胎胎压是否正常。冬季保存前或使用后，应用空气压缩机将水从卷盘中排除，并排尽水涡轮处余水。

表　技术参数

规　格	JP75	JP90
外形尺寸 （长 × 宽 × 高） （m）	300 型 6390×2430×2900 450 型 6390×2430×2950	330 型 6390×2430×2950
整机不带水质量 / 带水质量（kg）	300 型 1667/2912 450 型 1875/3120	330 型 1875/3120

续表

规　格	JP75	JP90
卷管外径（mm）	75	90
卷管有效长度（m）	300/450	330/500
灌溉均匀系数	≥95%	≥95%
入机压力（MPa）	0.25	0.25
额定流量（m³/h）	36	50
桁架总长度（m）	40	40
桁架车轮距（mm）	2.0～3.5	2.0～3.5
喷头数量（个）	33	33
喷头间距（m）	1.2	1.2
亩灌水量（m³/亩）	8～50	8～50

适宜地区

适合中等规模长条形地块使用，田间无电线杆、树木等障碍物。

注意事项

水源供水能力应满足灌溉机工作流量要求。

水质应符合 GB 5084—1992《农田灌溉水质标准》的规定，当水中悬浮物或固体颗粒过多可能影响淋灌机正常作业时，应采取过滤措施。

应将灌溉区按长条形地块进行规划布置，机型选择根据作物种类、种植规模、水源及能源情况等条件确定。对于管道供水系统，应垂直于作业道和种植行方向布置供水管道，并应在淋灌机取水点设置给水栓，淋灌机与给水栓连接应方便、可靠。供水管道可采用固定管道埋于地下，也可采用移动管道。移动管道安装、拆卸、移动应灵活、方便、连接可靠。给水栓处的水压力应满足淋灌机工作压力要求。当水压力不能满足淋灌机工作压力要求时，应在灌溉机与给水栓之间设置水泵增压，或采用带有增压泵的淋灌机。

卷盘式淋灌机

卷盘式淋灌机作业现场

技术来源：河北省农林科学院粮油作物研究所

微喷带水肥一体化灌溉设备

技术目标

微喷带水肥一体化设备主要有水源、首部枢纽（含增压泵、过滤系统、施肥系统）、输配水管网、微喷带以及流量、压力控制部件等组成。工作原理是将压力水和液态肥经过输水管和微喷管带送到田间，通过微喷带上的出水孔，在重力和空气阻力的作用下，形成细雨般的喷洒效果来对作物进行灌溉施肥。

技术要点

（1）按照农艺要求铺设微喷带，一般使用N65型斜五孔微喷带，横向铺设间距为1.8m，单条铺设长度小于50m。

（2）连接安装管网，主管、支管安装时卡箍应放置在卡口胶圈位置，拉扣式连接应将管带完全至于拉扣内侧。

（3）试压。开启潜水泵，待水流稳定后开启增压泵，检查管网系统是否正常工作。

（4）如有小数滴孔和杂质堵塞，可解开喷灌带尾部，用清水冲洗 1min 左右即可。

（5）追肥选用溶解性好的常规肥料，如尿素、氯化钾（白色）等，水不溶物含量小于 5%。

（6）采用注射式施肥泵或文丘里施肥器施肥。施肥前，冲洗管路 5min。施肥结束后，关闭施肥系统，冲洗 5min。然后关闭增压泵，最后关闭潜水泵。

（7）尾部密封：剪下宽约 3～5cm 的喷灌带或主管带，再将喷灌带的尾部卷 3 次宽约 1 寸（1 寸 ≈ 3cm，全书同），然后将剪下的喷灌带套上，即起到封堵效果。

技术方案

1. 小麦水肥一体化

（1）播种技术：选用节水高产抗逆小麦新品种。底施纯氮 6～7kg/亩，五氧化二磷 6～7kg/亩，氧化钾 2～3kg/亩。适当推迟小麦播期 3～5 天，播量上调 10%，播后镇压。

（2）冬前管理：底墒不足时播后 5～7 天浇水，灌水量 10m³/亩。冀中北地区需浇越冬水。冀中南地区一般年份冬前不浇水，当遇秋旱越冬前 0～20cm 土壤含水量低于 65% 时浇冻水。冻水水量 15～20m³/亩。

（3）春季管理：一般年份拔节初期灌水追肥，干旱年份或群体不足的麦田提早到起身期。浇水量 $20m^3$/亩，追纯氮 5kg/亩，缺钾地块追施氧化钾 $1\sim2$kg/亩。抽穗—开花期灌春二水，水量 $20\sim30m^3$/亩，追施纯氮 2kg/亩。花后 15～20 天浇灌浆水，水量 $15\sim20m^3$/亩。平水年全生育期灌水总量 $70\sim80m^3$/亩。

2. 玉米水肥一体化

（1）播种技术：选用高产抗逆玉米品种，依据品种特性增加密度 500～1 000 株/亩。随播种施种肥纯氮 3.5～4.0kg/亩、五氧化二磷 $1\sim2$kg/亩、氧化钾 1.5～2.5kg/亩。播后 24 小时内抢浇出苗水，灌水量 $20m^3$/亩。

（2）苗期管理：注意化学除草、防治二点委夜蛾、蓟马等虫害。一般年份不灌水，特殊干旱年灌水 $10\sim20m^3$/亩。

（3）穗期管理：大喇叭口期灌水追肥，灌水量 $10\sim20m^3$/亩，追施氮素 6～7kg/亩，氧化钾 1.5～2.5kg/亩。

（4）花粒期管理：吐丝后 10 天左右灌水追肥，灌水量 $10\sim20m^3$/亩，追施氮素 2.5～3.0kg/亩。平水年全生育期灌水总量 $50\sim60m^3$/亩。

（5）适期晚收：冀中南地区 10 月 3 日后收获。

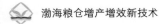

冀中北地区 9 月 28 日后收获。

适宜地区

适宜河北省山前平原及低平原土壤肥力较高的地区，种植模式为冬小麦—夏玉米种植制度。

注意事项

使用时系统压力不得超过 0.3MPa；盐碱地及微咸水不宜采用；沙漏地应增加灌水次数；水质较差时，首部应加装过滤器，以防止喷灌带内进入砂、土等杂物。

微喷示范田

技术来源：河北省农林科学院粮油作物研究所

自走式高秆作物喷杆喷雾机

技术目标

自走式高秆作物喷杆喷雾机是一种可以在玉米、棉花、大豆等作物中后期进行病虫草害防治作业的农业机械。由于其底盘离地间隙较高，作业时可以方便通过农田，减少对农作物的压伤损害。

技术要点

（1）机器调试使用前，应仔细阅读使用说明书，掌握喷雾机施药作业的相关操作、设备的日常维护和常见故障的诊断及解决方法。

（2）检查各工作部件是否正常。准备好作业所需药品及防护用品。

（3）设置喷药作业所需的参数。喷雾参数的设置与喷雾机行驶速度、单位面积的药液喷施量及使用的喷嘴型号有关。

（4）加水。给机具的药液箱加水至额定容量。

（5）加药。向药液箱加水后，关闭喷雾总开关，向药液箱内按农药的使用浓度加入相应比例的农药，然后通过机具液流系统内循环将药液箱中的药液充分进行搅拌。

（6）加水、加药后，分离动力输出轴，将机具开到作业现场，停在第一作业行程的起点处。将喷杆桁架展开至作业状态，下降到作业高度。

（7）确定作业速度，选好行进挡位，打开喷雾总开关，加大油门，使机具进行喷雾作业。

（8）地头转弯时如不需要喷药，应及时关闭喷雾总开关；转入第二行程作业前，驾驶员应及时打开喷雾总开关。由上一行程转入下一行程作业时，驾驶员应注意对准交接行，以防止漏喷或重喷；当药液箱内的药液接近喷完时，驾驶员应及时分离动力输出轴，并将机具转为运输状态，然后将机组开赴加水处，重新加水、配药，以便继续作业。

（9）如果用户在使用过程中发现喷雾压力过高（超过 0.6MPa）时或较低（低于 0.5MPa），则可按说明书进行调整。

（10）喷嘴的调换。根据说明书要求更换。

适宜地区

自走式高秆作物喷杆喷雾机具有机械化和自动化程度高、使用方便、通过性好、适用范围广、施药精准高效等优点，可有效提高农药利用率、减少农药使用量和对环境的污染，适用于我国大田种植的玉米、小麦、棉花、大豆等不同作物在不同生长期进行杀虫剂、杀菌剂、除草剂等的病虫草害防治及喷施叶面肥。

注意事项

（1）农药或液态肥料必须符合有关标准，并适用于所要作业的农作物。

（2）除农药外，禁止使用酸、碱及其他有较强腐蚀性的工作液。

（3）喷药时使用的水要洁净，如河水等自然水源，要经过沉淀过滤等处理后使用。

（4）机具工作前，应检查各控制按钮，并掌握各按钮的操作规程。

（5）操作人员应具备自我防护意识，作业时需佩戴防护装备。

（6）严禁在发动机未熄火时进入机器下方进行检查、保养、维修。

（7）处理农药时，应遵守农药生产厂提供的安全说明，并遵照国家有关环保规定。冲洗药箱及喷药管道时的废水应按照有关环保规定处理，不得随意排放。

（8）注意机器上的警示和安全标志，并保证其清洁完好。

高地隙植保机示意图

高杆喷雾机示意图

技术来源：河北省农林科学院粮油作物研究所

旱地小麦水溶肥追施机

技术要点

旱地小麦水溶肥追施机可实现切沟—施肥—覆土作业一次完成，操作简便，省时省力。先由注水口将肥料倒入箱体，加水后启动内循环系统1min左右，促使肥料全部溶解。然后放下施肥器，启动动力开始追肥。全部控制系统均由驾驶员一人操控；内循环系统，利于肥料自动溶解；增加隔膜泵，增压均衡一致，保证了出水出肥量均匀一致；切盘式施肥器，保证施肥深度一致。

技术参数

该机具适宜作物为小麦；机具幅宽2 400mm，隔行施肥，8个施肥切盘可施肥16行小麦；箱体可装水2m^3，施2亩地；施肥深度为3～5cm；配套动力（农用三轮车）应为24kW，作业速度为2.8km/h。每亩用水1m^3，每亩用时6min左右。

适宜地区

黑龙港流域雨养旱作区。

注意事项

保持车速均匀适当；注意观察车厢内肥料用量，施完后及时添加水溶肥。

旱地小麦追肥机作业现场

技术来源：沧州市农林科学院

麦棉套作小麦收割机辅助装置

技术要点

（1）可伸缩护苗挡板。使用时将固定挡板连接杆安装在小麦收割机切割器刀梁的方颈螺栓上，活动挡板套在固定挡板的外部，根据麦棉套作的幅宽确定两板的总长，重合部分使用紧固螺栓穿过长孔槽固定。需要调节挡板宽度时，将螺栓松开即可左右调节活动挡板至适合宽度，这样在收割机行进过程中，切割器就可单独对小麦植株进行切割，不会伤害棉株。

（2）拢禾装置。使用时首先将套筒安装在小麦收割机分禾器上，通过套筒上面的固定圆孔，使用螺栓与螺母将套筒拧紧在分禾器顶端；然后将滑动套圈套在支撑杆上，上下调整好高度，左右调整好角度，将拢禾杆带螺栓端拧进螺母内，通过拧紧拢禾杆将滑动套圈固定在支撑杆上。

技术参数

小麦联合收割机要求切割台宽度 2.1～2.4m，

轮距要求轮内侧距离最窄处不少于 1.1m，轮外侧最宽处不大于 2.0m。

适宜地区

冀中南麦棉套作地区。

注意事项

要求麦棉套作种植模式小麦幅宽 75～80cm，棉花预留行 75～80cm，小麦收割时速度不可过快。

技术来源：河北省农林科学院棉花研究所

春玉米起垄覆膜侧播单双株播种机

技术要点

该播种机为春玉米起垄覆膜侧播种植技术的专用配套播种机。一次作业可同时完成旋耕、施肥、起垄、整形、覆膜、播种、镇压、打药（选配）等工序。作业流程为：先通过旋耕装置进行松土旋耕；之后施肥器启动，由驱动轮带动排肥；然后由起垄装置将旋松的土壤起垄并整形；并由设置在仿形轮两侧的开沟盘开设压膜沟；后续通过覆膜装置将薄膜从薄膜筒中取出并展开覆于凸形地垄上，通过压膜装置将膜边压在压膜沟内，通过圆盘犁覆土器将浮土覆在压膜沟上；同时，驱动轮带动播种器排种，播种在地垄两侧的垄沟内；最后通过镇压轮对种行浮土进行压实，完成作业。

该机型于 2016 年通过河北省农业机械检测鉴定站的检验，正式定型为 2BYLM-4。

技术参数

该机具适宜播种作物为玉米；机具幅宽2 200mm，一次可完成双垄四行的播种，行距为40cm/70cm宽窄行模式，播种密度单株5 000株/亩（5 000穴）或一穴双株6 000株/亩（3 000穴）；播种深度为3～5cm；施肥量为20～60kg/亩，施肥深度5～10cm（可调）；配套动力（拖拉机）应为29.7～55.1kW，作业速度为2～5km/h。播种工作效率可达100亩/天以上。薄膜要求为宽80cm，厚度为0.008mm的降解膜。

播种均匀性变异系数为19.6%（相关标准要求≤45%），各行排肥量一致性变异系数为4.74%（相关标准要求≤6.5%），总排肥量稳定性变异系数为2.85%（相关标准要求≤7.8%），种子机械破损率为0（相关标准要求≤1.2%），播深合格率为95%（相关标准要求≥75%）。

适宜地区

黑龙港流域雨养旱作及非充分灌溉区的春玉米种植区。

注意事项

要求耕地尽量平整，土块细碎，以保证覆膜

质量和播深的一致；行驶速度适当并保持匀速。

**2BYLM-4 型春玉米起垄覆膜侧播
单双株播种机及田间播种效果**

技术来源：沧州市农林科学院

玉米宽窄行播种机

技术要点

该播种机适宜玉米宽窄行种植模式，可有效地增大播种密度。可实现单双株播种，一次作业可播种 6 行，同时实现旋耕、播种、施肥、镇压一体化，提高了播种质量和效率。

技术参数

该机具适宜播种作物为玉米；机具幅宽3 300mm，可播种 6 行。行距为 40cm/70cm 宽窄行模式，播种密度单株 5 000 株 / 亩（5 000 穴）或一穴双株 6 000 株/亩（3 000 穴）；播种深度为 3～5cm；施肥量为 20～60kg/ 亩，施肥深度 5～10cm（可调）；配套动力（拖拉机）应为 29.7～55.1kW，作业速度为 2～5km/h。播种工作效率可达 100 亩 / 天以上。

适宜地区

黑龙港流域玉米种植区。

注意事项

土地尽量平整，以保证播深一致；行驶速度

适当并保持匀速。

玉米宽窄行播种机播种现场

玉米宽窄行播种机播种效果

技术来源：沧州市农林科学院

玉米清垄免耕精密播种机

技术目标

该装备为在麦茬地播种时，可以清除玉米播种带小麦秸秆的精量玉米播种机械，具有条带清理秸秆、免耕精量播种、侧施肥、覆土镇压、喷药、工作状态监测等功能。

技术要点

（1）使用前应先检查播种机各部件是否完好，坚固件是否松动，首次使用时应在齿轮箱内加入齿轮油，各润滑部位加注黄油。

（2）与拖拉机连接，本机采用三点悬挂方式与拖拉机连接，按照播种机使用说明书要求调整。传动部分与拖拉机动力后输出轴连接。

（3）连接、检查完毕后，将机具升起，空运转 5～10min，确认各部件运作良好，无异响。

（4）根据农艺要求，调整播种株距及播种深度、施肥量及施肥深度。

（5）工作一段时间后，检查清垄机构变速箱齿轮啮合间隙及轴承间隙是否正常，如不正常安装说明书要求调整。

表　技术参数

机器型号	2BMQ-4	2BMQ-6
外形尺寸（cm）	215×240×160	215×360×160
连接结构形式	三点悬挂	三点悬挂
配套动力（kW）	75～80	90～100
作业幅宽（cm）	240	360
作业速度（km/h）	4～7	4～7
生产率（hm²/h）	>0.6	>0.67
清垄宽度（cm）	10～20	10～20
刀具数量（个）	72	84
刀轴转速（n/min）	1 500～2 200	1 500～2 200
刀轴旋转半径（mm）	242	242
运输间隙（mm）	>300	>300
整机重量（kg）	1 120	—

适宜地区

本机适用于小麦玉米、小麦大豆等粮食作物

轮作区域，麦茬地播种玉米、大豆等。

（1）该机播种作业时可以清除苗床的秸秆，清垄宽度在 10～20cm，提高播种质量，还可以有效防止病虫害（二点委夜蛾，此病虫害虫只在秸秆下生存），有利于玉米初期保苗。

（2）该机使部分小麦秸秆还田，不仅可以增加土壤有机质，改善土壤结构，提高地力，而且还可以保墒。

（3）该机可以在不耕作的情况下侧深施肥，另可以选加喷药功能，排种情况电子监测功能等多项功能。

注意事项

（1）作业时，首先将播种机提升至距离地面 25～40cm（不能过高，以免传动轴偏角过大损坏），结合动力输出轴运转 1～2min，正常后，挂挡作业。

（2）禁止清垄机构打土作业。

（3）播种机不可倒退。

（4）转弯时应将播种机抬起。

（5）作业时应注意播种机工作状态，禁止带病作业；检测肥料及种子剩余量，避免漏播。

（6）播种机上严禁站人。

（7）安装说明书要求，定期维护保养。

玉米清垄免耕精密播种机

技术来源：河北省农林科学院粮油作物研究所

玉米种穴补水播种机

技术目标

玉米增产潜力较大，生长季水热条件好，有"早种一天，早熟十天"的说法。但目前的种植方式由于播种期农田墒情变化大，造成出苗慢、出苗和生长不齐，影响到玉米高产。

技术性能

（1）玉米种穴播种机主要包括机架和机架上的排种器、主动机构和传动机构，主动机构通过传动机构与排种器连接。

（2）种穴补水系统包括水箱、电磁阀和种子入土检测器，水箱通过一水管与电磁阀连接，电源通过种子入土检测器与电磁阀连接，种子入土检测器检测玉米落入种穴的时间并同时产生表示种子落入种穴时间的时间信号，该时间信号控制所述电磁阀的打开以将所述水管中的水喷响种穴。

（3）种穴间歇式同步补水（0.54～1.1s内完成一次种穴补水过程），与玉米排种高度同步。

（4）在土壤相对含水量55%～30%范围内，

每穴补水量8～15mL，确保"一播全苗"。

（5）储水容量一次可播种4～5亩，省水、省力、节能、省时。

适宜地区

玉米种植区。

玉米种穴播种机作业现场

玉米种穴播种机出苗成活率高

技术来源：中国科学院地理科学与资源研究所

第三章
新型土壤调理及功能肥料

重盐碱地微生物肥料

技术目标

以分离筛选自山东地区的盐碱土功能微生物菌株为主，通过微生物发酵工艺，添加优质有机原料，生产耐盐微生物肥料产品，改良重度盐碱地。

原料来源

原始菌种来源于山东盐碱地分离筛选和繁育而成；有机原料主要采用畜禽粪便、农作物秸秆、米糠等有机废弃物。

特征特性

（1）高效盐碱地专用微生物菌剂：采用组合菌群功能良好，主要包括溶解有机磷和无机磷菌群、固氮和溶解矿物钾菌群、促进植物生长的菌群、抗盐能力9%的菌群；菌群在土壤中定植能力好，施入土壤2个月后，目标菌株在土壤中的数量保持在 1×10^6 cfu/g 以上。

（2）腐熟有机质可大幅改善土壤板结状况，降低土壤容重，增加孔隙度。

（3）产品促进土壤微生物生命活动，强化土壤功能酶活性，增加土壤中速效氮、磷、钾含量，降低盐碱土的 pH 值，改善盐碱土养分供应状况。

适宜地区和适用作物

适用于环渤海地区盐碱地，或其他地区特性相似的土壤；适用于小麦、玉米和棉花等作物。

施用方法

本产品可以拌种、灌根或作基肥，不同作物参考产品使用说明书。

（1）拌种：将种子用量水浸湿，每亩地种子与 2kg 本品拌匀，稍晾干后即可播种。

（2）灌根：每亩取 2kg 本产品按 1∶50 比例与水混匀，将肥料液均匀浇灌于根部。

（3）作基肥：取本品 4～6kg 与化肥 50kg 拌匀可作底肥或追肥。取本品 4kg 与农家肥或有机肥 50～100kg 及加适量水拌匀，堆积 12h，每隔 3～4h 翻动一次作底肥。育苗作物每亩用 4～6kg 本品混匀后播种育苗。

注意事项

盐碱土改良制剂在施用过程中，存放地点要

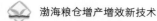

注意避光，且生物制剂不宜久放，拆包后要及时施用，施用时避免受阳光直射或因水分不足而难以发挥作用。避免与未腐熟的农家肥和农药同时使用，若需要使用农药，也应将使用时间错开。该产品施入土壤后，有一个适应和生长的过程才能够发挥作用，本产品可独自施用，但不能取代化肥，与其他肥料混合使用效果更好。

技术来源：中国农业科学院农业资源与农业区划研究所

重盐碱地土壤调理剂

技术目标

以平衡土壤碱性、改善土壤结构为主要原理，采用高效有机无机相结合材料，改良重度盐碱化土壤。

原料来源

采用水处理领域高分子有机物和无机成分为原料，生态环保，不会为土壤带来二次污染。

特征特性

（1）施入土壤后，可降低土壤 pH 值 0.1～0.2 个单位，土壤容重降低 3.8%～14%，大幅改善土壤团聚体结构。

（2）利用稳定性肥料技术控制氮素的释放和转化，延缓养分释放速率，提高氮肥的有效性，解决盐碱地土壤碱性高，尿素氮水解快的问题。

（3）利用磷素防固活化技术，提高盐碱地土壤磷的有效性，减少肥料磷进入土壤后被固定。

适宜地区和适用作物

适用于环渤海地区盐碱地，重点针对小麦、玉米及棉花。

施用方法

（1）用量：0.6～1.5kg/亩，配合施肥一起施用。

（2）用法：可与复合（混）肥、尿素、磷酸二铵等肥料混合使用。

注意事项

应注意本品不能与种子直接接触，两者间隔7cm以上，防止烧种、烧苗。

技术来源：中国科学院沈阳应用生态研究所

重盐碱地聚合氨基酸增效剂

技术目标

盐碱地磷由于被土壤固定导致有效性非常低，本产品以酶学手段调节土壤有机磷水解。通过研究中获得的几种具有磷酸酶激活特性的化合物，开发了聚合氨基酸增效剂。该产品可以防止磷固定，同时促进肥料养分吸收及运输，保持土壤水分。

原料来源

采用生物发酵萃取技术，以天然有机质为原料制取聚合氨基酸产品。

特征特性

（1）能够防止养分损失和固定，促进作物吸收，提高养分运转速率，使作物根系发达，植株健壮，提高作物产量和品质。

（2）提高肥料养分利用率，降低肥料投入，减轻农民负担。

（3）环境友好，产品无残留。

适宜地区和适用作物

具有广谱性，重点适用于在滨海盐碱地，可以在小麦、玉米等作物上施用。

施用方法

（1）用量：添加量为肥料用量的 5‰～8‰。

（2）用法：与肥料混合均匀后使用。

注意事项

应注意本品不能与种子直接接触，两者间隔7cm 以上，防止烧种、烧苗。

技术来源：中国科学院沈阳应用生态研究所

中低盐碱地小麦功能肥

原料来源

肥料氮素采用尿素、硫酸铵和氯化铵，根据小麦对氮素的需求，以及氮素在盐碱地区域的转化特点，设计产品酰胺态氮和铵态氮的比例。肥料磷素采用磷酸二氢铵，通过肥料造粒过程中控制硫酸、液氨的添加比例，控制 $H_2PO_4^-$ 和 HPO_4^{2-} 达到一个合适的比例。肥料钾素采用氯化钾。

肥料中添加水溶性好、适用于盐碱地的腐殖酸；添加由离子锌和螯合剂反应螯合形成的螯合锌；添加控制氮素分解的抑制剂，以调节土壤氮素供应。

特征特性

小麦功能肥配方为 23-12-6，其中含有腐殖酸、螯合锌及氮素控释等功能因子，可提升盐碱地地力，降低盐肥拮抗，提升作物的活力，进而提高作物产量和肥料利用率。

适宜地区和适用作物

河北省、山东省盐碱地小麦种植区，适用于轻度、中度盐碱地。

施用方法与配套种植技术

（1）施用底肥：按照施肥量 40kg/亩施用，均匀撒施。

（2）整地：施肥后，机械翻耕地 0～20cm 深度，整平地块。

（3）适时播种：利用机械进行等行播种，合理密植，亩株数 13 万～18 万株。

（4）入冬前灌水 1 次。

（5）返青前及时追肥：施用追施（撒施）尿素 20kg/亩。

（6）返青前及灌浆期各灌水 1 次。

注意事项

（1）按照施肥量 40kg/亩做底肥施用。

（2）返青前及时追肥，追施（撒施）尿素 20kg/亩左右。

技术来源：中化化肥控股有限公司

中低盐碱地玉米功能肥

原料来源

肥料氮素采用尿素、硫酸铵和氯化铵，根据玉米对氮素的需求，以及氮素在盐碱地区域的转化特点，设计产品包膜控释氮、酰胺态氮和铵态氮的比例。肥料磷素采用磷酸二氢铵，通过肥料造粒过程中控制硫酸、液氨的添加比例，控制 $H_2PO_4^-$ 和 HPO_4^{2-} 达到一个合适的比例。肥料钾素采用氯化钾。

肥料中添加水溶性好、适用于盐碱地的腐殖酸；添加由离子锌和螯合剂反应螯合形成的螯合锌。

特征特性

玉米功能肥配方为 27-10-5，其中含有腐殖酸、螯合锌及包膜氮素控释等功能因子，可提升盐碱地地力，降低盐肥拮抗，提升作物的活力，进而提高作物产量和肥料利用率。

适宜地区和适用作物

河北省、天津省、山东省盐碱地玉米种植区，适用于轻度、中度盐碱地。

施用方法与配套种植技术

（1）玉米功能肥施肥量 40 kg/ 亩，选择适合本地的良种，应高产稳产，品质良好，抗病抗倒，又适合市场需求，例如农大 108、郑丹 958、鲁单 981、中科 11 等。

（2）合理密植，确定播量，播种量一般为 2.0～2.5kg。

（3）种植行距 0.6～0.7m，株距 0.25～0.30m，每亩定苗密度为 4 400～5 000 株。

（4）播种深度一般以 5～6cm 为宜。

（5）播后镇压：播后覆土后，适当镇压，干旱时重镇压，而土壤水分过多时，不要镇压。

（6）玉米幼苗 3 叶期间苗，4～5 叶期定苗。

（7）播后要及时进行化学除草，采用土壤封闭或茎叶处理。

注意事项

（1）按照施肥量 40kg/ 亩施肥。

（2）采用机械种肥同播。

（3）种肥间距 2～3cm 为宜，防止烧苗。

技术来源：中化化肥控股有限公司

中低盐碱地棉花功能肥

原料来源

肥料氮素采用尿素、硫酸铵和氯化铵，根据棉花对氮素的需求，以及氮素在盐碱地区域的转化特点，设计产品包膜控释氮、酰胺态氮和铵态氮的比例。肥料磷素采用磷酸一铵，通过肥料造粒过程中控制硫酸、液氨的添加比例，控制 $H_2PO_4^-$ 和 HPO_4^{2-} 达到一个合适的比例。肥料钾素采用氯化钾。肥料中添加水溶性好、适用于盐碱地的腐殖酸。

特征特性

棉花功能肥配方为 23-12-6，其中含有腐殖酸、包膜氮素控释等功能因子，可降低盐肥拮抗，提升作物的活力，进而提高作物产量和肥料利用率。

适宜地区和适用作物

河北省、山东省盐碱地棉花种植区，适用于中度、重度盐碱地。

施用方法与配套种植技术

（1）施用底肥：按照施肥量 40kg/ 亩施用，均匀撒施。

（2）整地：施肥后，机械翻耕 0～20cm 深度，整平地块。

（3）适时播种：等行播种，合理密植，亩植 2 500 株左右；播种出苗的最佳温度是 23～25℃；拌种可防病、提高发芽率。

（4）覆膜及揭膜：播种后覆膜保持温度及水分；出苗后 5～10cm 后揭膜。

（5）中耕培土。

（6）整枝：每年看雨量多少、墒情湿干、掌握化控轻重，等行免整枝，大小行可定向整枝，去小行的枝、留大行的枝。整枝病重，免整枝病轻。

（7）适时打顶：根据水肥与营养枝长势，3～5 个果枝及时打顶，促进果枝生长，主茎约 7 月 15 日前后打顶，打顶后及时喷叶面肥，加速上部果枝生长，5～7 日后喷棉花壮蒂灵溶液，与治虫药同时封顶。

注意事项

按照施肥量 40kg/ 亩作底肥施用。

技术来源：中化化肥控股有限公司

九知源有机肥

技术目标

九知源有机肥采用ATMO生物发酵专用菌剂，对各种农业有机废弃物进行高温密闭发酵，把农业有机废弃物转化生产出精制有机肥。发酵菌剂包含八大菌群：固氮菌群、硝酸菌群、溶磷钾菌群、酵母菌群、乳酸菌群、光合成菌群、放线菌群和生长菌群。

原料来源

生产原料主要采用畜禽粪便、农作物秸秆、豆粕、麦麸等农业有机废弃物，不添加任何化工原料。

特征特性

有机废弃物通过高温密闭发酵设备，在80℃以上高温维持3h的发酵过程中有效杀灭有害病原菌和寄生虫卵。养分齐全，富含活性益生菌和多种微量元素，有机质含量高。

（1）改良土壤，培肥地力：增加土壤有机质的含量，明显改善土壤理化性状，增加土壤有益微生物的数量，保水保肥能力增强。

（2）减轻病虫害，克服连作障碍：富含活性益生菌，能够改善土壤微生物环境，对病原菌产生抑制和拮抗作用，有效预防多种病虫害。

（3）提高作物产量，改善农产品品质：分解土壤中固定的磷、钾元素，提高化肥利用率，从而提高作物产量；并能改善农产品的外观、口感等品质。

技术要点

根据作物种类选择撒施，沟施或者穴施，施用量200kg/亩以上，施肥深度以10～15cm处为宜。

适宜地区和适用作物

适用于蔬菜、果树、中草药等经济作物种植的地区。

注意事项

施用时不宜与化肥混施，宜单独使用。

技术来源：河北九知农业科技有限公司

第四章
农田多水源高效利用新技术

冬季咸水结冰灌溉技术

技术原理

冬季直接抽提当地的地下咸水进行灌溉盐碱地，并在地表形成咸水冰层覆盖。春季咸水冰融化咸淡水分离入渗，先融化的咸水先入渗，后融化的微咸水和淡水的入渗可有效地淋洗土壤盐分，结合后续降水和抑盐措施，可使土壤盐分维持在较低水平，保证了作物的正常生长，最终达到盐碱地改良的目的。

技术要点

（1）平整土地。冬季灌水前平整土地，使灌水均匀，小畦面积 $100m^2$。

（2）灌溉时期。当平均气温低于 $-5℃$ 时（约1月上旬）开始对盐碱地进行灌溉。

（3）灌水方式。采用大水漫灌的形式，利用潜水泵（$32m^3/h$）直接抽提地下咸水进行灌溉，为使咸水在地表均匀结冰，采用分次灌溉的方式，即每天灌少量的水，结冰后再灌，直至达到水量要求。以沧州滨海盐碱地区为例，在冬季低温条件下，大约灌溉 3 次（约 3 天），第一天约为灌水量的 1/4，剩余水量分两天灌完。

（4）灌水水质。依据当地的地下咸水水质而定，如在河北省沧州市滨海盐碱地区，冬季地下咸水的矿化度大约为 15g/L。

（5）灌水水量。水量约 120m³/亩，土壤盐分可由 0.9% 降低至 0.4% 以下。如果咸水的矿化度过高，应相应增大灌水量。

（6）春季土壤抑盐措施。春季 2 月下旬或 3 月上旬，咸水冰完全融化并入渗。此时进行地膜覆盖，采取全覆盖措施，以减少由于春季土壤水分蒸发而导致的返盐。

（7）田间作物和植物的种植和移栽。春季种植作物的植物时，揭掉春季覆盖的地膜，进行施肥、旋耕、播种等田间操作，也可不揭地膜，采用膜上移栽盐生植物等。

适宜地区

该项技术施用与北方具有低温条件，且淡水资源短缺、地下咸水资源丰富的重盐碱地区。

注意事项

通过咸水结冰灌溉技术可实现重盐碱地耕层

土壤盐分快速淋盐，但春季必须配合有控盐措施作为保证，因此，春季必须进行地表覆盖措施，以保持春季耕层低盐条件。

（A）咸水结冰灌溉前 （B）咸水结冰灌溉后 （C）棉花长势 （D）甜菜长势 （E）油葵长势 （F）高粱长势

咸水结冰灌溉改良重盐碱地技术效果

技术来源：中国科学院遗传与发育生物学研究所农业资源研究中心

春季咸水补灌稀盐技术

技术原理

在初春直接抽提当地的地下咸水对盐碱地进行灌溉，咸水入渗后，对盐碱地进行地膜覆盖，利用春季地膜覆盖后，土壤水分蒸发回流入渗，达到淡化表层土壤的目的，为作物的出苗创造土壤低盐条件。雨季来临后，土壤盐分进一步淋洗，保证作物整个生育期的生长。

技术要点

（1）平整土地。初春整理土地，为使灌溉时灌水均匀，整成大约 $100m^2$ 小畦。

（2）灌水方式。采用大水漫灌的形式，利用潜水泵（$32m^3/h$）直接抽提地下咸水进行灌溉。

（3）灌水水质。依据当地的地下咸水水质而定，如在河北省沧州市滨海盐碱地区，春季地下咸水的矿化度大约为 $12g/L$。

（4）灌水水量。灌水水量依据土壤水盐状况和灌溉水水质而定，以河北省沧州市滨海盐碱地区为例，春季土壤盐分约为 $10g/kg$，灌水水质为

12g/L 左右，灌水水量约为 120m³/ 亩。

（5）春季地膜覆盖措施。咸水灌溉后，咸水逐渐入渗，入渗完成后，即使对盐碱地进行地膜覆盖。

（6）田间作物和植物的种植与移栽。春季种植作物和植物时（4 月底至 5 月初），揭掉春季覆盖的地膜，进行施肥、旋耕、播种等田间操作，也可不揭地膜，采用膜上移栽盐生植物等。

适宜地区

本项技术适用于淡水资源短缺、咸水资源丰富的盐碱地区。

注意事项

春季咸水补灌稀盐技术主要针对盐碱区春季盐碱干旱等问题，通过土壤水分蒸发回流入渗淋盐原理，实现地下咸水高效利用，而该项技术在地下水埋深较深的（2.5m 以下）区域效果较高，对于埋深较浅的盐分淋洗速度较慢，效果较差。

春季咸水补灌—覆膜向日葵栽培技术

　　技术来源：中国科学院遗传与发育生物学研究所农业资源研究中心

盐碱地两相耕作法作物快速生产技术

技术原理

通过夏季种植作物的秸秆完整翻耕翻压至耕层以下，使土体形成"土壤相"和"秸秆相"的"两相结构"阻隔浅层地下咸水的上行而导致的土壤返盐，创建淡化土壤耕层。保证盐碱区一年两作冬小麦—夏玉米作物的正常生长，并当年取得丰产，实现了盐碱区作物快速生产。

技术要点

（1）土壤表层脱盐。春季在未改良的盐碱地耕地上平整土地，周围打埂，以蓄集雨水或灌水，使表层脱盐。

（2）夏玉米种植。6月上中旬正常播种夏玉米。

（3）秋季播种冬小麦。夏玉米收获时，摘取玉米穗，保持植株直立留在田中，平整土地。利用拖拉机把玉米植株推到平铺在土壤表层，翻耕土壤时，利用拖拉机带动铧犁，把平铺的玉米植株整株反压至耕层土壤以下，之后播种冬小麦。

（4）后续措施。田间肥料施用依据土壤状况，增施氮肥，亩施氮肥在 30kg 以上，其他与普通田间管理一致。

适宜地区

本项技术适用于淡水资源短缺、土壤盐碱化严重的季风气候区。

注意事项

春季土壤表层压盐时，应根据表层土壤盐碱化程度，确定蓄水量和灌水量，一般情况下，当土壤含盐量在 0.4%～1.0% 时，需要蓄水或灌水量约为 120m³/亩。

（A）对照　　（B）处理

盐碱地两相耕作法技术效果

技术来源：中国科学院遗传与发育生物学研究所农业资源研究中心

小麦玉米咸淡混灌技术

技术目标

小麦玉米咸淡混浇技术在保证粮食产量情况下可代替 25%～40% 的淡水资源，减少深层地下水超采，同时土壤盐分淋洗到 1m 土体以下，长期灌溉不造成土壤盐分累积。

技术要点

（1）咸淡水井组配置。浅井水泵配置一般 20m³/h，深井泵一般出水量 45～50m³/h，根据浅井咸水矿化度实行一拖一或一拖二深（淡）浅（咸）井配置模式。浅井矿化度小于 3.5g/L 时，可采用一拖二模式，以提高咸水利用率。一般土壤有机质低于 2%，建议混合水矿化度小于 2g/L，有机质高于 2%，混合水矿化度小于 2.5g/L。

（2）小麦种植技术。①品种选择：采用丰产耐盐小麦品种；②土壤保育：秸秆精细还田，提倡增施有机肥，提高耐盐能力，建议底施专用肥（N 16%～18%，P_2O_5 20%～22%，K_2O 5%～7%）40kg/亩；③播种：足墒播种，适期晚播（播期

10 月 10—15 日），适增播量（约 23kg/亩）；④越冬水管理：足墒播种下，播后镇压，节灌越冬水；⑤春季水肥管理：适当推迟春一水至拔节期，随水追施尿素 17.5～20.0kg/亩，扬花期浇一次扬花水；⑥病虫害防治：后期进行一喷三防，防蚜虫、病害和干热风，促粒重。

（3）玉米种植技术。①品种选择：选用高光效抗逆耐密品种；②播种：贴茬播种，小麦秸秆粉碎覆盖减少土表返盐；③出苗水：先播后浇，播后立即浇出苗水；④定苗：适当提高留苗密度，晚定苗（5～6 展叶）提高整齐度，单粒播种可不定苗，但需提高密度 10%；⑤中期水肥管理：一般年份只浇 1 次出苗水，但吐丝期干旱需及时浇水。提倡种肥与大口期追肥结合，也可用玉米专用缓释肥作种肥一次施用，但注意肥种距离大于 6cm，建议亩施肥量为 N 15～16kg、P_2O_5 3kg、K_2O_4 5kg，种追结合时 N 底追各半，磷钾肥全部作种肥；⑥后期管理：适当晚收，待乳线大部分消失再收获，建议采用"一水两用"技术，即玉米后期灌溉促进灌浆同时为下茬小麦造墒。

适宜地区

河北省低平原深层淡水超采区。

注意事项

不适宜地下水位 2m 以上地区；耕层土壤盐分超过 0.2% 及时灌溉洗盐。

精准智能混灌系统组成

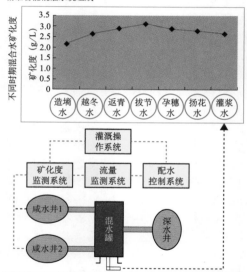

●按动不同生育时期混合水矿化度按钮，即可实现符合相应生长时期的安全灌溉咸水最大混合比例。可减少深层地下水超采，节约灌溉成本。

小麦玉米咸淡混灌系统示意图

盐分监测系统
总控系统
配水系统
水量计量系统
混水系统

小麦玉米咸淡混灌系统装置

技术来源：河北省农林科学院旱作农业研究所

小麦玉米咸淡轮灌技术

技术目标

冬小麦夏玉米一年两熟种植中，冬小麦的耐盐阈值高于夏玉米，在冬小麦生育期进行微咸水灌溉，夏玉米生育期用淡水灌溉压盐，加上雨季降雨将土壤累积的盐分淋洗，实现粮食稳产、咸水替代淡水和土壤盐分平衡。

技术要点

（1）微咸水灌溉。一般年份冬小麦拔节期，结合追肥进行灌溉，用小于5g/L微咸水进行灌溉。咸水灌溉的灌水量比淡水可稍微高一些，以不小于50m³/亩为宜。干旱年份，小麦抽穗后灌溉第二水，无淡水灌溉条件时，仍可以用微咸水灌溉。

（2）淡水灌溉。夏玉米播种后立即用淡水灌溉，保证玉米出苗并起到压盐的作用。雨季（7—9月）降水量小于300mm的年份，在夏玉米生育后期再用淡水灌溉一次压盐，如果雨季降水量大于300mm，夏玉米后期不用灌溉即可。

适宜地区

适合河北低平原有浅层微咸水的冬小麦种植区，土壤类型为壤土、沙壤土、轻壤土类型，地势平坦。

技术来源：中国科学院遗传与发育生物学研究所农业资源研究中心

土下覆膜保水抑盐技术

技术目标

在干旱盐碱的旱作农田，减少地表蒸发、改善水盐运移过程，抑制盐分上升危害主要根系，膜上覆盖一层薄土，防止播种后遇风穴孔错位，增加地膜与地表的紧密接触，促进作物顶膜出苗，延长地膜使用寿命，同时覆土能有效阻隔光线直接照射，避免增温过高，使增温效果满足在冬小麦适宜的温度范围之内，提高了作物群体系统自动调节能力，增产效果显著，实现土壤水分高效利用的目标。小麦收获后不揭膜、不耕地，保留地膜，再种植玉米。

技术要点

小麦季，前茬玉米收获后，用玉米秸秆粉碎 2 遍。整地前亩施用纯氮 13.6kg，五氧化二磷 11.5kg 作底肥，深松 25cm 或旋耕 2 遍。玉米季采用施肥播种机免耕播种。施用玉米专用复混肥，氮、磷、钾总含量大于 40%，底施 75kg/ 亩。

小麦播种时利用 2MXF-120 型播种机，进行覆膜覆土穴播一体化操作。该机采用旋耕方式强制性取土，并采用宽幅输送带输送土壤，使土均匀铺洒在膜面，但播种速度不可太快，需保持膜上覆土 1 cm 厚度左右，覆土不可过厚。播量通过下种口调节，播前需检查有无阻塞。玉米采用施肥播种机免耕播种，重复利用地膜。

适宜地区

适合于平原地区主要的冬小麦—夏玉米一年两熟种植区，适合于地势平坦的雨养旱作地区。

注意事项

（1）小麦覆膜前一定要平整土地，玉米秸秆和根茬要粉碎。

（2）播种机为 13.2～22.0 马力（1 马力 =735W）的拖拉机。

（3）地膜厚度为 0.008～0.010mm。

（4）播种速度在 3.2km/h。

（5）播种量为 10.0～17.5kg/ 亩。

（6）一次性施足底肥。

土下覆膜播种机及作业现场

土下覆膜播种小麦

技术来源：中国科学院遗传与发育生物学研究所农业资源研究中心

缩畦减灌节水高效技术

技术目标

通过缩小畦田面积，节约单次灌溉用水量，提高田间受水均匀度，提高作物水分利用效率，保障作物产量，从而做到节水不减产、甚至增产的节水增效目标。

技术要点

畦田规格以 $20m^2$ 左右，长 5～6m，宽 4～5m，畦田长与宽接近。在供水量 $30m^3/h$ 的条件下，每个小畦需要灌溉 2～3min。

塑料软管输水替代垄沟输水，快捷接头使的切换灌溉小畦非常轻松、简单，每断开 1 个接头，可以浇灌 4 个相邻小畦。

适宜地区

田园化标准较高的地块、土地平整（坡度 1‰～2‰）、具备井灌或扬程输水设施的各种土壤类型的田间，尤其适宜灌溉小麦、玉米、大豆、谷子等密植型作物。

注意事项

灌溉单元面积可以根据土壤质地适度调整，沙性土壤应适当减小，黏性土壤可适当加大；畦面灌溉单元尽量长宽接近，避免狭长的灌溉单元；配套小白龙进行田间输水可以使该技术发挥最大节水效果。

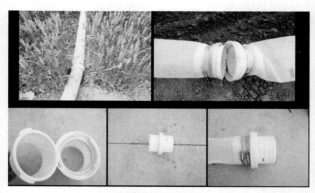

闸管灌溉及连接

技术来源：中国科学院遗传与发育生物学研究所农业资源研究中心

冬小麦／夏玉米调亏灌溉技术

冬小麦调亏灌溉技术

1. 冬小麦不同生育期灌溉的重要性

冬小麦不同时间灌水重要性不同，根据区域灌溉水供应能力，在灌溉水资源受限制区域，冬小麦使用调亏灌溉制度可节省灌溉水的排序为：返青水、越冬水、灌浆水、孕穗—扬花水。最不可省的灌溉水是拔节水。

2. 技术原则

（1）冬灌原则：冬小麦播前底墒充足，除非特别干旱年份，一般不灌冻水。

（2）返青控水原则：实现返青控水，只起身后期至拔节期灌水，培育冬前壮苗尤为重要；除冬季特别干旱、需浇水"保命"外，一般不需灌返青水。即便必灌，应灌小水，不施肥。

（3）其他灌溉原则：挑旗孕穗水、抽穗水和扬花水可合并为一。根据土壤水分及气候状况决定早晚；酌情浇灌浆水，且以小、早为宜。

3. 具体实施

（1）播前底墒：小麦播种前 0～50cm 土层土

壤含水量小于田间持水量的 70% 时，播种前要浇底墒水。

（2）冬灌：是适宜进行调亏灌溉的时期。越冬前 0～50cm 平均土壤含水量不小于田间持水量的 60% 时，可不进行灌溉。

（3）春季灌溉管理：冬小麦返青—起身前是适宜进行调亏灌溉的时期。0～50cm 土壤含水量不小于田间持水量的 55% 时，可不浇水。起身—拔节前也是适宜进行调亏灌溉时期。当 0～50cm 土层含水量不小于田间持水量的 60% 时，正常苗情麦田，不浇水。拔节—抽穗开花期是冬小麦需水敏感期，不适宜进行调亏灌溉。当 0～60cm 土层含水量小于田间持水量的 65% 时，及时灌溉。抽穗开花—籽粒形成期也不适宜进行调亏灌溉，当 0～70cm 土层含水量小于田间持水量的 65% 时，及时灌溉。到籽粒灌浆—成熟期，适宜进行调亏灌溉，当 0～80cm 土层土壤含水量不小于田间持水量的 60% 时，可不浇水。

夏玉米调亏灌溉技术

夏玉米苗期和后期灌浆成熟期对水分亏缺与其他生育期相比较不敏感，夏玉米适合调亏灌溉的时期为苗期和后期。具体实施方法如下。

（1）播种水分管理：0～50cm 土壤含水量小于田间持水量 70% 时，玉米播后应立即灌溉。

（2）苗期水分管理：适宜进行调亏灌溉时期。0～50cm 土壤含水量不小于田间持水量的 55%～60% 时，不灌溉。

（3）拔节—大喇叭口前：适宜进行调亏灌溉时期。0～50cm 土壤含水量不小于田间持水量的 60%～65% 时，不灌溉。

（4）大喇叭口—籽粒形成期：不适宜进行调亏灌溉时期。0～70cm 土壤含水量小于土壤田间持水量的 65%～70%，及时灌溉。

（5）籽粒灌浆—成熟期：适宜进行调亏灌溉时期。0～70cm 土壤含水量不小于田间持水量的 65% 时，不灌溉。遇到秋季降水少的年份，小麦播种前土壤水分达不到足墒播种，在玉米收获前可提前造墒，实现一水两用。

适宜地区

适宜于环渤海低平原区冬小麦／夏玉米一年两作种植区，土壤类型为壤土、沙壤土等各类型壤土，地势平坦。

技术来源：中国科学院遗传与发育生物学研究所农业资源研究中心

测墒灌溉高效用水技术

技术目标

测墒灌溉技术就是根据墒情和苗情指导小麦进行科学灌溉的节水技术。它可以解决不同年份、不同麦田墒情苗情、不同管理需求下靠经验灌溉问题，还可以在旱情发生时引导政府和农技部门采取措施有的放矢。

技术要点

（1）墒情监测时期。监测时期一般选择小麦水分管理关键期，在小麦播种前，以确定是否需要造墒，越冬前，确定是否需要浇冻水，返青期指导春一水灌溉。

（2）墒情监测。采用带 GPS 系统的墒情速测仪或 GPS 定位仪定位每个监测点的经纬度坐标。一般小县设置 40～50 个监测点，大县则需要 50～60 个点，返青期监测需要同时调查苗情。不同时期监测深度：播种前 0～20cm，越冬前 0～40cm，返青期 0～60cm。

（3）墒情数据处理。墒情监测数据处理采用墒情管理系统软件进行处理，数据处理前先按说明安装好分析软件，将墒情监测数据做成 Excel 格式数据表，表中每个点对应经纬度和墒情或苗情监测值。将输入好的数据表导入"冬小麦墒情/旱情监测与测墒灌溉管理系统"进行作图分析。墒情管理系统根据墒情和苗情实际数据和不同时期墒情与苗情指标体系，做出县域或市域的当前不同墒情、旱情及苗情的面积和分布，并根据输入的 7～10 天天气预报资料，预测 7～10 天的土壤墒情。

（4）墒情分析结果发布与服务。根据输出的墒情/旱情或苗情图，提出不同地区灌溉指导意见，并在电视或网站发布。

适宜地区

河北平原冬麦区。

注意事项

测墒节水灌溉技术需要测墒软件配合。

冬小麦墒情／旱情监测与测墒灌溉管理系统

技术来源：河北省农林科学院旱作农业研究所

第五章

盐碱土壤改良与
地力提升新技术

重盐碱地微生物有机肥
改土培肥调控技术

技术目标

耕层含盐量 >0.05% 的土壤，第一年改造盐分下降至 0.03% 以下，小麦产量亩产 300kg。第二年下降至 0.2% 以下，达到轻度盐碱地水平，小麦产量 350～400kg。

技术要点

（1）农田整治的标准为：方田耕地面积 30～50 亩，土地平整；地下水埋深控制在 1.5m 以上；灌排系统完善，其中，排盐沟深度达到 >2.0m。

（2）整地压水洗盐过程：①含盐量高的农田（含盐量 >0.5%）深翻 20～30cm，灌溉淡水保持水层 20～30cm 进行压盐，洗盐时采用禾康脱盐剂每亩 4kg 随水一起灌入农田，加速土壤脱盐过程。灌溉脱盐需要将耕层土壤含盐量降至 0.3% 以下；②如果土层没有大的扰动，耕层土壤扰动不超过 10cm 的，农田土壤含盐量 0.3%～0.4% 的土壤，不需要灌溉淋洗盐分。

（3）土壤改良过程，在灌溉脱盐后（耕层土壤含盐量 <0.3%）的农田，含水量大约为田间持水量的 70%～80% 时（用手紧握土壤成团，松手落地即散），每亩撒施 ETS 固体微生物土壤改良材料 300～400kg，喷施 ETS 土壤改良微生物菌剂黑液白液各 4L，按照种植的作物施肥要求施用氮、磷、钾化肥，然后旋耕两遍即可播种。

（4）土壤改造后的盐碱地土壤管理，土壤改造 1 年后，进行小麦—玉米轮作，或者草—粮轮作，保持周年有作物生长覆盖。每年小麦耕种时，每亩施用 ETS 固体土壤改良材料 100～200kg，秸秆还田。夏玉米采用种、肥、微生物菌剂同施播种机，每亩仅随播种施用黑白液各 2L 的 ETS 微生物土壤改良菌剂，秸秆还田。第三年以后，根据土壤状况，ETS 固体微生物材料用量可降至每亩 100kg，秸秆还田。

（5）种植模式，改造第一年耕层土壤盐分可下降并控制在 0.3% 以下，适宜种植比较耐盐的小麦品种小偃 60。玉米种植可采用一般大田种植的品种。也可第一年种植棉花或耐盐牧草，第二年转种小麦、玉米等粮食作物。改造第二年耕层含盐量下降到 0.3% 以下,可继续种植耐盐小麦品种,夏季可种植玉米,种植方式和技术按照常规种植即可。

适宜地区

黄淮海地区的盐碱地和次生盐渍化土壤,以及脱盐土壤的肥力。

注意事项

在使用微生物材料时,容器要清理干净,不能有农药、杀菌剂等残留。根据不同的地区、地形和土壤条件,采用该技术对重盐碱地土壤改良的成本第一年控制在每亩 700 元以下,第二年的改造成本 500 元以下,第三年达到轻度盐碱地的水平。

技术来源:中国科学院地理科学与资源研究所

滨海盐碱地小麦"三关十法"种植技术

技术目标

针对滨海盐碱盐渍化耕地，创造适宜小麦正常生长发育的耕层土壤环境，构建形成适宜小麦群体结构和产量构成因素，充分利用光温水土资源，促进种植小麦种植生产稳产增产，中轻度盐渍土壤种植小麦可稳定实现亩产小麦籽粒450kg左右。

技术要点

1. 第一关——抓好耕作播种质量关，保全苗

（1）选择适宜小麦品种。滨海盐碱区冬春季温度偏低、低温持续时间较长，土壤本身具有盐碱，在品种的选用上，除了注重小麦品种的耐盐特性外，还应兼具有耐寒性和中早熟性，如小偃81、小偃60等。

（2）选择适宜耕作措施。对前茬作物秸秆进行粉碎（碎片小于5cm）直接还田，同时，增施有机肥做底肥。为了使秸秆翻埋入耕层并与土壤充分混合均匀，土壤耕作措施应优先选择进行翻

耕（20～25cm）或深旋耕（15～18cm）、耙平。耕翻、耙平宜在播种前2天内天进行。

（3）选择适宜播种方式（微型垄双侧播种）。采用可以形成微垄的小麦播种机，播种、施种肥一次作业完成。垄背顶部引盐、聚盐，垄背两侧种麦，垄沟底部施肥过水，有利于为小麦种子萌发和幼苗生长创造良好的土壤通气和地温度条件，减轻盐分对小麦生长发育的胁迫危害。

（4）适宜播期播量确定。适期早播，适量增加播种量。盐碱土壤地温比非盐碱土壤偏低，为了早出苗、促冬前分蘗壮苗，增加冬前根量，增强耐盐能力，安全越冬，以10月5—10日播种为宜；又因为盐碱土壤小麦分蘗少、成熟率低，以主茎成熟为主、分蘗成熟为辅，所以，应适当增加播种量。

2. 第二关——抓好灌水补肥关，促壮苗

（1）底墒水在播种前足量灌。冬小麦播种前，正值秋旱返盐高峰。耕翻播种前灌足底墒水，既可起到洗盐压碱作用，又可为小麦发芽出苗营造适宜的土壤水分条件，是保证小麦一次出全苗、齐苗的条件之一，并维持冬前小麦生长水分需求。

（2）越冬水在越冬前提早灌。盐碱土壤种植小麦越冬水灌溉应适当提前，且灌水量不宜过大，基本可达到压盐和满足小麦生育需水要求。

（3）返青拔节水在返青后及时灌。滨海盐碱土壤小麦返青水不能提前灌，否则会更加延缓小麦的返青和拔节。但是，春季海风大、土壤水分蒸发强，返盐严重，所以，宜待田间小麦全部返青后，及时灌水压盐，且灌水量不宜过大，以保证土壤盐分和温度不影响小麦生长发育。

（4）开花灌浆水在开花后适时灌。开花后小麦转入生殖生长阶段，宜适时足量灌水压盐，促进小麦籽粒形成和增重过程，延长灌浆期；延长叶片持绿功能期、防早衰，保证千粒重。

3. 第三关——抓好田间监测管理关，稳粒数增粒重

（1）杂草防除。从返青到成熟，重点是生长前期，特别是在小麦返青期，要对耐盐、耐旱、耐寒的盐碱地标志性植物如盐蒿、碱蓬等杂草做好防除，可适量喷洒针对性除草剂进行尽早防除。

（2）病虫防治。重点是生长后期，抽穗开花后，随着气温升高，注意监测田间病虫害发生情况，如小麦白粉病、锈病、蚜虫等，若有发生应及时喷施相关农药进行防治。

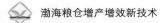
适宜地区

环渤海滨海盐渍化土壤冬小麦种植区。

技术来源：中国科学院地理科学与资源研究所

田菁种植改良重度盐渍化土壤技术

技术目标

在含盐量 0.3% 以上的重度盐碱地上种植、翻压还田，1～2 年后种植粮食作物。

技术要点

（1）平整耕地、种植前进行深耕（25cm），亩施磷石膏 150kg，灌溉造墒。

（2）4 月中旬至 5 月上旬地温高于 15℃ 即可播种，播前可用温水浸种 8h，也可直接播种，株行距为 13cm×45cm，若墒情适宜，5～7 天即可苗齐。

（3）田间管理，田菁苗期生长速度较慢，自播种需 40～50 天，此后进入快速生长期。因其自身具有固氮能力，整个生长期间一般不进行施肥，有条件的可结合土壤墒情浇水一次。

（4）翻压还田，8 月下旬至 9 月下旬，利用联合收获机同步进行，田菁秸秆粉碎为 10cm 左右，均匀翻入土中，深度为 20～25cm。结合还田可亩施尿素 10～15kg，促进秸秆腐解，根据土壤墒情和天气条件，灌水一次，保持土壤墒情，30天内秸秆腐解量在 40% 左右，经过 180 天左右，秸秆腐解率可达到 80%。

（5）土壤培肥改良效果：重度盐渍化土壤田菁秸秆亩产量可达 500kg（干重）左右，田菁叶片（干）含氮量约为 4.0%、含磷量（P_2O_5）约为 0.9%，含钾量（K_2O）约为 0.8%；茎（干）含氮量约为 1.2%、含磷量（P_2O_5）约为 0.2%，含钾量（K_2O）约为 1.5%。因此，田菁秸秆还田后，土壤氮、磷、钾含量显著上升。同时，秸秆还田向土壤中输入了大量有机物质，土壤有机碳组分含量显著增加，含盐量降低 30%，连续两年种植可达 40% 以上。土壤团聚体含量增加 50% 以上，物理结构得到了显著改良，有效阻止了盐分由地下向地上部迁移积聚。含盐量在 0.4% 的重度盐渍化土壤，连续种植田菁两年后，种植冬小麦亩产可达 350kg。

技术来源：中国科学院地理科学与资源研究所，滨州学院

中轻度盐碱地小麦
宽播幅窄行距丰产栽培技术

技术目标

突破中轻度盐碱地抑蒸控盐保苗防衰技术，提高盐碱地小麦产量。

技术要点

（1）播种方式以宽播幅窄行距播种技术为核心：采用小麦宽幅播种机，将行距由 28～29cm 缩减为 20～24cm，将原播幅从 7～8cm 增至 8～10cm，力求麦苗分布均匀，尽早封垄，以减少地面裸露面积，减轻土壤返盐。

（2）耕作方式：玉米秸秆还田要求在机械收获的同时切碎（小于 2cm）并铺匀秸秆，深松 30～40cm 配合旋耕。

（3）适当密植：种植密度增加至 35 万～40 万/亩基本苗，以主茎成穗为主。

（4）适当延迟播期：适当推迟播期至 10 月

13—20 日。

（5）品种选择与种子处理：选择高耐盐碱、抗逆性强、适应性广、分蘖能力强、成穗率高、生育后期不早衰的多穗型小麦品种，如山农 22、济麦 22、小偃 60 等；播种前种子进行精选，并采用杀虫剂、杀菌剂及生长调节物质包衣或药剂拌种，防治地下害虫，预防纹枯病、根腐病等的发生。

（6）水分管理：注重播前与越冬水足量灌溉压盐保苗灌溉，一般应于播前 15 天足水造墒压盐；越冬水后注意适时划锄，防止进一步返盐；返青后浇起身—拔节水、挑旗—开花水。

（7）肥料管理：播前施用有机肥 500～1 000kg/ 亩，尿素 15kg/ 亩，磷酸二铵 12kg/ 亩，硫酸钾 5kg/ 亩；拔节期追施尿素 10～15kg/ 亩。

（8）生育后期"一喷三防"：开花—灌浆期，叶面喷施磷酸二氢钾（0.3%～0.4%）或尿素溶液（2%～3%），亩用 50kg，防衰增粒重；通过喷施戊唑醇、多菌灵、苯磺隆等农药防治条锈病、纹枯病、茎基腐病、蚜虫等病虫草害。

适宜地区

山东省滨州、东营、德州等地市 2‰～3‰含盐量的中轻度盐碱地小麦生产。

注意事项

越冬水、起身—拔节水后注意划锄，防止返盐，减轻盐碱危害。

技术来源：山东农业大学

盐碱地粮棉均衡增产技术

技术目标

创新棉花秸秆还田技术，提高土壤速效养分含量和微生物特性，培肥地力，促进粮棉均衡增产。

技术要点

（1）以棉花秸秆还田技术为核心：棉花收获后将棉花秸秆粉碎（小于2cm），旋耕还田或深松30～40cm配合旋耕还田。

（2）棉花播种方式：宽窄行种植（宽行行距100cm、窄行行距60cm），株距35cm左右，种植密度2 500株/亩左右，4月下旬至5月上旬播种。

（3）棉田肥水管理：棉花播种前10～15天灌水造墒压盐，基肥施用氮磷钾复合肥40～50kg/亩，花铃期追施尿素15kg/亩。

（4）品种选择：选择高耐盐碱、抗逆性强、适应性广的品种，如鲁棉研37、德农09068等。

适宜地区

山东省滨州、东营、德州等地市 2‰～3‰含盐量的中轻度盐碱地粮棉生产。

注意事项

棉田注意除草和病虫害管理。

棉花秸秆粉碎过程

棉花秸秆粉碎后

粮棉均衡增产技术——棉花秸秆还田及还田效果

技术来源：山东农业大学

稻鸭共生改良盐碱地技术

技术目标

　　种植水稻是中国改良利用盐碱地的一个重要方法，即在插秧前进行泡田洗盐，并通过生长期淹灌和排水换水，冲洗和排走土壤中的盐分，能较快地起到改良盐碱地的作用。稻鸭共生生态种养技术作为主导技术，无论从食品安全与环境质量安全考虑，还是从经济效益考虑，推广和应用具有优质、无公害、高产、高效，又兼顾环境友好的稻鸭共生技术，已经成为现代农业结构进行优化调整的迫切需要和必然要求。

技术要点

　　（1）选择土壤无农药残留、无重金属、土地平整、集中连片、便于灌溉的水稻田作为稻鸭共生田块。

　　（2）品种选择：应选择株高大于80cm、株型集散适中、茎粗叶挺、分蘖力较强、抗倒和抗病性好、生育期大于155天的优质高产品种；应选用中小体型、活动量大、嗜食野生生物的麻鸭品种，如微山湖麻鸭、高邮麻鸭等。

（3）大田管理：插秧后，田面保持水层2～5cm，当苗数达到计划穗数的90%时，开始晒田。晒田采用分片晒田的方法，即在一片田中间拉一尼龙网，其中一半保持水层，将鸭赶过去，使鸭能正常的觅食和戏水，另一半晒田。晒好后灌水又将鸭赶过来，再晒另一半稻田，晒田时间为3～5天。

适宜地区

黄河三角洲水稻种植区。

技术来源：青岛农业大学

轻中度盐碱地冬小麦水肥运筹技术

技术目标

冬小麦产量 300～400kg/亩。

技术要点

（1）播前施肥：玉米秸秆粉碎还田后，轻度盐碱地每亩撒施腐熟农家肥 800～1 000kg 或商品有机肥 100～200kg，撒施复合肥（N：P_2O_5：K_2O=15：15：10）50kg，硫酸锌 2kg，随后旋耕耙地播种；或进行种肥同播施用化肥。中度盐碱地增加有机肥用量，减少复合肥用量。

（2）越冬期水分管理：在冬小麦越冬前（11月中下旬）浇冻水，轻度盐碱地灌水 60～90m³/亩，中度盐碱地 90～100m³/亩；也可根据土壤墒情和冬小麦苗情进行镇压保墒。

（3）拔节返青期水肥管理：在冬小麦返青拔节期（3月中下旬或4月初），均匀撒施复合肥（N：P_2O_5：K_2O=15：15：10）50kg；轻度盐碱地灌水 60～90m³/亩，中度盐碱地 90～100m³/亩。

（4）灌浆期水分管理：根据土壤墒情和盐分

以及冬小麦长势，一般可于冬小麦挑旗期进行灌水，如果墒情较好可以延迟至开花期或灌浆期进行，灌水 $60\sim90m^3$/亩。

适宜地区

黄河三角洲轻度盐碱地（土壤全盐含量 <0.2%）冬小麦种植区。

注意事项

（1）轻度盐碱地采用 $60\sim90m^3$/亩进行播前造墒，中度盐碱地采用 $90\sim100m^3$/亩造墒。

（2）冬小麦越冬前、春季返青拔节期、灌浆期，根据当地气候及土壤墒情和盐分状况，确定是否需要灌水。

（3）复合肥选用硫酸钾复合肥，不能施用含氯复合肥。

技术来源：中国科学院地理科学与资源研究所，山东农业大学

轻中度盐碱地夏玉米水肥运筹技术

技术目标

夏玉米产量 500～300kg/ 亩以上。

技术要点

（1）播前施肥：撒施复合肥（N：P_2O_5：K_2O=18：12：6）20kg，硫酸锌2kg左右，随后旋耕播种；或采用种肥同播施用化肥。

（2）苗期—拔节期水分管理：根据土壤墒情，确定是否灌水。

（3）拔节—抽雄期水肥管理：在夏玉米大喇叭口期，均匀撒施复合肥（N：P_2O_5：K_2O=18：12：6）50kg，根据土壤墒情，确定是否灌水。

（4）抽雄—灌浆期水肥管理：在夏玉米灌浆初期，均匀撒施（N：P_2O_5：K_2O=18：12：6）30kg，根据土壤墒情，确定是否灌水。

适宜地区

黄河三角洲轻度盐碱地（土壤全盐含量 <0.2%）

夏玉米种植区。

注意事项

（1）轻度盐碱地亩施腐熟农家肥800～1 000kg或商品有机肥100～200kg，中度盐碱地撒施腐熟农家肥1 000～1 500kg或商品有机肥200～400kg。

（2）夏玉米种植季节正值雨季，根据降雨、土壤墒情和盐分状况，确定是否需要灌水；轻度和中度盐碱地若需要则灌水60～90m³/亩和90～100m³/亩。

（3）复合肥选用硫酸钾复合肥，不能施用含氯复合肥。

技术来源：中国科学院地理科学与资源研究所，山东农业大学

春播作物套播翻压绿肥改良盐碱地技术

技术目标

通过持续套播种植、翻压绿肥，达到改善轻中度盐碱地土壤物理和生物学性状、培肥土壤、降低含盐量的目的，最终实现轻中度盐碱地改良，提高土壤综合生产力和春播作物减肥增效。

技术要点

（1）选择易套播、耐盐碱、耐旱、生物量大的绿肥作物。一般以十字花科绿肥二月兰为主。二月兰种子具有高温休眠特点，可在春播作物生长早期进行套播，9月上旬才开始发芽出苗。具有套播简易、与主作物没有水肥竞争等优势。

（2）适期播种。由于二月兰种子具有高温休眠特征，同时考虑套播的轻简化和土壤墒情，春播作物套播二月兰的播期要早，一般以6月较好。

（3）加大播量。为提高二月兰密度和生物产量，一般每亩播种量为 1.2～1.5kg，采用撒播。

（4）水肥管理。为降低生产成本，套播二月兰不灌溉、不施肥。但为提高生物量，可在返青期适量追施化肥（尿素），一般 10～15kg/ 亩。

（5）适期翻压。二月兰用作绿肥最适宜的翻压期应选择在盛花期，此时二月兰已完成了养分累积量的 90% 以上，而且生物产量相对较高、植株含水量大，各方面条件都很优良。

（6）翻压深度。二月兰翻压深度一般以 10～20cm 为宜。翻压过深则腐解速度慢，供肥不及时；过浅则易跑水跑肥，腐解不彻底。

另外，具体深度应视土壤性质、气候条件情况而定。若土壤中水分较少、质地较轻、气温较高，可适当翻压深一些，反之则宜浅一些。

适宜地区

本技术主要适宜在冀东、冀中南地区的春播作物田，同时可供北京、天津、山东等冬季不是特别寒冷的地区参考利用。

注意事项

二月兰播种时间宜早不宜晚，过晚不仅不利于套播作业，而且二月兰越冬困难，套播时间最迟不晚于 7 月。

技术来源：河北省农林科学院农业资源环境研究所

种植翻压绿肥改良盐碱地技术

技术目标

通过持续种植、翻压绿肥，达到改善中重度盐碱地土壤物理和生物学性状、培肥土壤、降低含盐量的目的，最终实现中重度盐碱地改良，提高土壤综合生产力。

技术要点

（1）选择耐盐碱、耐旱、生物量大的绿肥作物。一般以豆科绿肥田菁、禾本科绿肥甜高粱（高丹草）为主。

（2）适期播种。春播、夏播均可，在适宜墒情条件下，土温达到15℃以上即可播种；但最迟要在6月底播种，播种太晚绿肥生物量过小。

（3）加大播量。田菁播种量为5～6kg/亩，甜高粱（高丹草）播种量为3～4kg/亩。

（4）水肥管理。为降低生产成本，绿肥种植一般不灌溉、不施肥。但为提高生物量，可适量施入一定量有机肥做底肥，一般2 000～3 000kg/亩。

（5）适期翻压。绿肥的翻压既要考虑生物量，也要考虑腐解速度。田菁最适翻压期为现蕾期，甜高粱（高丹草）为抽穗初期，此期鲜草产量、养分总量高，且易腐解。

（6）翻压深度。绿肥翻压深度一般以10～20cm为宜。翻压过深则腐解速度慢，供肥不及时；过浅则易跑水跑肥，腐解不彻底。具体深度应视土壤性质、气候条件、绿肥种类及其老嫩程度等情况而定。若土壤中水分较少、质地较轻、气温较高、绿肥较嫩，可适当翻压深一些，反之则宜浅一些。

适宜地区

本技术主要适宜在黄淮海地区滨海盐碱地进行，同时也可供内陆盐碱地参考使用。

注意事项

绿肥具有养分效应的差异性。豆科绿肥具有根瘤的生物固氮作用，可固定、利用大气中的氮素，增加土壤肥力效应明显；禾本科绿肥的碳氮比较高，根系发达，有利于增加土壤有机质；十字花科植物具有促进磷转化的作用。所以，根据不同的盐碱地土壤情况选择绿肥作物或实行2～3

种绿肥混播，能更好地改善盐碱地土壤质量。

技术来源：河北省农林科学院农业资源环境研究所

作物—苜蓿轮作改良培肥盐碱地技术

技术目标

通过建立苜蓿与作物轮作体系，达到改良培肥盐碱地目的，同时实现作物减肥增效，提高耕地综合生产能力。

技术要点

（1）翻耕苜蓿地的选择。苜蓿地一般利用5~6年，地上部刈割结束然后进行翻耕、轮作。

（2）翻耕时间。与冬小麦接茬轮种时，苜蓿地在冬小麦播前至少2个月进行翻耕，水浇地在冬小麦播前至少1个月进行翻耕；与春播作物轮作时，一般选择在当年第一茬苜蓿刈割完后（现蕾期，5月1—10日）或上年第四茬苜蓿刈割完后进行苜蓿翻压。

（3）翻耕深度。翻耕深度一般在20cm以上。

（4）翻耕处理。翻耕过程施用一定量杀虫剂。水浇地翻耕时采取先翻耕后灌水（灌水量60~75mm），再施入适量生石灰4~5kg/亩。旱地翻耕要注意保墒、深埋、严埋，使苜蓿残体全部被土覆盖紧实。

（5）再生苜蓿处理。一般在再生苜蓿苗期喷施75%二氯吡啶酸可溶性粉剂1 500～2 500倍液；同时结合接茬作物播种整地进行翻耕。

（6）农作物养分管理。苜蓿翻耕后，在不减产条件下轮种的农作物可以减施氮肥50%左右；在化肥不减施条件下可显著提高作物产量。

适宜地区

本技术适宜范围广，可以在所有种植苜蓿的地区推广应用。

注意事项

苜蓿翻耕后轮种冬小麦—夏玉米的最佳季数为1季、轮种春播作物最佳为2年；轮种1季冬小麦—夏玉米或2年春播作物后，再轮种5～6年的苜蓿。

技术来源：河北省农林科学院农业资源环境研究所

第六章
轻简化高效栽培种植技术

水稻工厂化生物炭基质育苗技术

技术目标

与传统营养土育秧相比，生物炭基质育秧使育秧技术"傻瓜"化，农事操作更简便，其专业化、工厂化的育秧方式，有利于形成独立的种苗产业，可以促进水稻经营方式转变，而且有利于推动水稻生产的产业化进程，是未来水稻生产技术的发展方向。

技术要点

（1）育苗方式：采用大棚集中旱育苗技术，育苗大棚规格以宽 6.5～8.0m、长 50～70m、高 2.5～3.0m 的钢架结构为宜，棚膜覆盖采取肩部通风方式。

（2）苗床准备：苗床应选择土壤肥沃、排水良好、靠近大田和水源的稻田，按秧大田比例 1:（80～90）留足秧田。秧床床面达到"实、平、光、直"标准，置床 pH 值保持在 4.5～5.5。

（3）基质准备：亩机插大田准备水稻育秧基质 50kg 左右（根据基质说明选择用量）。装盘前将基质抄拌蓬松直接装盘，基质不可结块装盘，一般不需添加肥料和杀菌剂。

（4）种子处理：晒种 2～3 天后风筛选种，用 25% 咪鲜胺（或施保克等）乳油浸种 7～8 天，破胸温度为 30～32℃，露白后催芽温度控制在 25℃。

（5）精量播种。采用自动化流水线机械播种，粳稻每盘芽种 110～120g，发芽率保证 95% 以上，做到精播匀播，覆土厚度 0.8～1.0cm，播种后，在秧盘上平铺一层无纺布，通风炼苗以后可适机撤掉大棚膜。

（6）苗期温度和水分管理：在第一叶生长期，温度控制在 28℃ 以下，最适为 22～25℃；一叶一心至两叶一心，棚内温度控制在 20～22℃，最高不超过 25℃。水分管理采用喷灌设施，确保盘内基质均匀浇透。

（7）病害防治：重点防治立枯病（30% 噁甲水剂 1.5～2.0g/m^2，1 500～2 000 倍液）。

适宜地区

环渤海辽河三角洲盐碱重及育秧取土困难的中低产水稻种植区。

注意事项

（1）适当提前播种。根据基质育秧适栽22～26天的实际，结合无纺布覆盖的保温保湿特点，应注意适当提前2～3天播种。

（2）掌握适时装盘。由于基质材料物理性状与土壤不同，在育秧规模较大的基地，注意适时掌握布盘装盘，避免上盘过早风吹日晒，塑盘变型、基质翻盘，养分散失。

（3）温度控制。随着秧苗长大逐步增加通风量，每日高温前提早开膜，渐次延长开膜时间，严防高温徒长或烧苗。

（4）基质不宜与碱性肥料或药剂混用。

生物育苗基质及自动化流水线机械播种

水稻工厂化生物炭基质育苗效果

技术来源：沈阳农业大学水稻研究所

水稻机插氮肥轻简高效施肥技术

技术要点

（1）选用安全成熟品种：依据当地温光资源，种植安全成熟的高产品种。辽河三角洲稻区主要应用盐丰47、辽河5号、田丰202、辽河1号、盐粳456、盐粳218、辽旱109、锦丰1号等品种。

（2）工厂化基质育秧：以全自动水稻育秧播种流水线为基础，以大棚或育苗智能温室为"育秧车间"的规模化、标准化基质育秧方式。通过统一供种、浸种、消毒、催芽，统一施肥、供水、控温，以及统一防治病虫草害等技术措施培育壮秧。

（3）科学配置田间秧苗：每亩成穗25万穗以上，按每株秧苗形成有效茎蘖5个左右，移栽基本苗数则为5万苗左右，采用机插秧，插秧规格9寸×（4～5）寸，每穴3～4株，插秧深度以不漂苗即可。

（4）精确氮肥施用：通常亩施纯氮15～18kg。施用时期实行氮肥后移，降低基肥和蘖肥用量，增加穗肥和粒肥用量，基蘖肥和穗粒肥按 6：4 施用。施用时间为：基肥于移栽前耙田时施用，占总肥量 40% 左右；分蘖肥在移栽 7～10 天、秧苗长出新根后施用，只施 1 次，占总肥量 15%～20%；穗肥于倒 4 叶抽出时施用，占总肥量的 25% 左右；粒肥在倒 2 叶抽出时施用，占总肥量 15%～20%。磷、钾肥用量按 $N：P_2O_5：K_2O=2：1：1$ 计算。磷肥全部基施，钾肥 50% 基施，50% 随穗肥同施。施用方法为：底肥全层施肥，追肥采用以水带肥方法。

（5）适时控水晾田：①缓苗返青期，浅水间歇灌溉。②12 叶期前后分蘖后期适当晾田，控制无效分蘖。③拔节孕穗到抽穗开花期，浅湿交替灌溉。④抽穗期，保持单茎至少 5 个以上绿叶。⑤结实期，浅湿间歇灌溉，收获前 10～15 天撤水，避免过早断水，保证成熟期有 2 个左右绿叶。

（6）预防重点病虫害：针对水稻常见的稻瘟病、稻曲病、纹枯病、稻水象甲、二化螟、灰飞虱等主要病虫害，要做好病虫害的预测预报工作，按照"预防为主、综合防治"的原则，注重绿色生物防治，如采用杀虫灯、诱捕器等。

（7）适时机械收获：谷色变黄，籽粒充实饱满坚硬，其中 80% 以上的米粒达到玻璃质，适时收获。

（8）秸秆还田：采用半喂入联合收割机械带有的秸秆切碎装置和扩散器（如久保田588型、久保田788型、久保田888型和洋马600型收割机），收获与秸秆全量还田同步，稻草切碎至5~8cm，并抛洒均匀，减少秸秆起堆起垄现象。

适宜地区

环渤海辽河三角洲中低产水稻种植区。

注意事项

（1）尽可能减少化学药剂的使用，若使用时，应用环境友好型高效、低毒、低残留化学农药，应准确把握施药方法、施药剂量和施药时间，可采用当前先进的农用植保无人机进行农药喷洒，争取最佳防治时机，取得最佳防治效果。

（2）辽河三角洲稻区应加强对水稻条纹叶枯病的预防，从育苗通风炼苗开始，要预防灰飞虱侵染，切断传播途径。

（3）机械插秧对水稻育苗和稻田整地要求较高，需要采取相应措施，确保秧苗素质和田地平整。机械插秧后，需要查田补苗，保证秧苗基本穴数。机械收获可以实现水稻适期收获，降低由于收获不当而导致的产量损失。机械收获要选择适当时机，过早则稻谷水分高，易造成稻谷霉变；过晚则稻穗下垂，损失较大。

水稻工厂化育苗

机械插秧

技术来源：沈阳农业大学水稻研究所

水稻轻简化增粮增效技术

技术目标

选用耐盐、氮高效、高产、优质品种的前提下，一方面通过工厂化育秧机械插秧及控缓释氮肥与速效氮肥配施技术，提高作业效率与氮肥利用率，促进水稻增产，减少施肥次数与生产成本。另一方面采用水稻机械直播高产栽培技术，减少育秧、插秧等作业环节，降低劳动强度与成本，提高作业效率和氮肥利用率，进而推动水稻生产持续稳步向前发展。

技术要点

1. 水稻机插秧及控缓释氮肥与速效氮肥配施技术操作要点

（1）品种选择。选用耐盐、氮高效、高产、优质、适期品种，要求种子纯度、净度达到99%，发芽率大于95%。

（2）工厂化育秧。选择专用钵型毯状塑料硬盘育苗，每盘播干种85～95g，于4月10—15日采用全自动水稻育秧播种流水线，一次作业完成装盘、浇水、播种、覆土全过程。苗期注意温度水分管理，适时施入送嫁肥，培育壮秧。

（3）机械整地。包括翻耕、旋耕、筑埂、水耙地和撒施基肥等主要环节。整地效果达到田面平坦、上糊下松、高低差不超过 3cm，搅浆深度 12～15cm，沉淀 3～7 天后插秧。

（4）机械插秧。于 5 月 15—25 日采用久保田 2ZS-4（SPW-48C）手扶插秧机或久保田 2ZGQ-6B（NSPU-68CM）高速插秧机插秧。行距 30cm，穴距 16～18cm，每穴 4～5 株，移栽基本苗 5 万～6 万株/亩。机插秧质量要保证密、浅、正、直、匀、满、齐、护、同。密：合理密植，保证田间基本苗数；浅：插秧深度小于 2cm；正：秧苗栽得正；直：插行要直；匀：插行穴距规整，每穴基本苗数均匀；满：插秧到头、到边，格田四角插满插严；齐：插秧深浅整齐一致，不插高低秧、断头秧；护：插后及时上水护苗；同：插秧同时安排专人同步补苗。采用机动车辆长途运苗时应采用秧架载秧，防止秧盘相互挤压，造成秧苗茎叶损伤。

（5）控缓释氮肥与速效氮肥配施。氮肥分为底肥（控缓释氮肥）50%～70%、蘖肥（速效氮肥）20%～30%、穗肥（速效氮肥）10%～20%，磷肥、钾肥、硅肥、锌肥全部作为基肥一次性施入。即

40kg 控缓释氮肥（N：P_2O_5：K_2O=28：18：8）、硅肥 40～50kg/ 亩、锌肥 1.5kg/ 亩于旋耕前作基肥施入，5.0kg 尿素于水稻插后 2.0 叶龄期作蘗肥施入，5.5kg 尿素于倒 5 叶龄期作穗肥施入。

（6）合理灌溉。做到浅水插秧，深水扶苗，返青至分蘗阶段实行浅水灌溉；分蘗中后期采用浅、湿灌溉；达到预期穗数的 90% 时适度晾田；孕穗至开花阶段及灌浆前期保持一定的浅水层；灌浆后期采取浅、湿间歇灌溉；收割前 7～10 天逐渐落干水层。

（7）病虫害统防统治。组建专业防治队伍，采用背负式机动喷雾机重点防治稻瘟病、二化螟等病虫害。

（8）适时收获。当谷色变黄，籽粒充实饱满坚硬，其中 80% 以上的米粒达到玻璃质，适时收获。

2. 水稻机械直播高产栽培技术操作要点

（1）品种选择。选择生育期短、发芽期耐低温、苗期抗除草剂、根系强大抗倒、分蘗适中的优质高产水稻品种。

（2）机械整地。大田整地要求早翻耕、田面平，旋耕前铺施基肥。早整地后，当平均气温稳定通过 12℃后上水泡田，用 200mL/ 亩农思它封闭 5～7 天，撒水后即可播种。

（3）机械播种。播前种子要采用 25% 氰烯菌酯 3 000～4 000 倍液或 16% 的咪鲜·杀螟丹可湿性粉剂 400～700 倍液浸种消毒，浸种药液超过种子 10～20cm。催芽程度以破胸露白为宜，用种子包衣剂处理，在室内晾干。一般于 5 月 1 日前后采用水稻穴直播机进行水直播，播种量 7～8kg/亩，行距 25cm，穴距 12cm。

（4）科学施肥。旋耕前施控缓释肥（N：P_2O_5：K_2O=28：18：8）40kg/亩，3.5 叶期灌水施尿素 5kg/亩作苗肥，5.0 叶期追施尿素 6kg/亩作蘖肥，8.5 叶期追施尿素 4kg/亩作穗肥。

（5）合理灌溉。播后保持田面湿润，不开裂，促使根系下扎。在 2.5～3 叶期开始灌水，水层不宜太深，大部分稻苗露出 2～3 片叶尖为宜，实行间歇灌溉，使稻苗逐步适应旱环境到水环境的过渡，对于墒情差、出苗不好的田块应提前灌水。进入分蘖期后参照插秧栽培水层管理执行，在分蘖末期到幼穗分化前进行排水晒田（宜分次轻晒）。孕穗至抽穗应间歇灌溉，以后常灌"跑马水"，干干湿湿，保持根系活力，增强稻株的抗倒能力。

（6）病虫草害防除。水稻直播田草害相对严重，必须做好除草工作，掌握最佳除草时机，以化学除草为主，集合农业措施防除，人工为辅。

播前 5～7 天，结合泡田药剂封闭防除杂草；在 3.5 叶后建立水层的情况下，用 55% 苯噻酰苄 70～80g/亩防除莎草科杂草及阔叶杂草。同时注意稻瘟病、二化螟等病虫害防治。

适宜地区

盘锦滨海稻区及类似生态区。

注意事项

盐碱地土壤注意泡田洗盐；盐碱地直播田块周围须具备配套沟渠，每隔 2～3 年深翻一次。

降解膜粘籽机　　　机械覆膜水直播作业

技术来源：辽宁省盐碱地利用研究所

春玉米双层一次性施肥技术

技术要点

（1）品种选择：耐密抗倒，适合机械精量播种和机械收获的品种，如良玉99等。

（2）整地：秋季玉米收获后，使用铲式深松犁深松30cm。

（3）播种：使用玉米双层施肥免耕播种机适时播种。如良玉99最佳播种时间为5月中旬。采用大垄双行种植模式，大垄75～80cm，小垄40～45cm。在播种之前需要对种子进行挑选并晒种2～3天，使用种衣剂包衣。播种深度保证镇压后种子在地表以下2～3cm处为最佳。

（4）施肥：基肥选择氮（N）含量24%～26%、钾（K_2O）含量10%～12%、磷（P_2O_5）含量10%～12%的稳定性肥或缓释性长效肥，如玉米专用碳基缓释肥等，用量50kg/亩，一次性侧深施12cm。种肥选择氮（N）含量10%～12%、钾（K_2O）含量16%～18%、磷（P_2O_5）含量12%～15%的复合肥，条施，用量8kg/亩。种子与地表垂直距离2～3cm，种子与底肥的垂直距离

5～8cm，与底肥水平距离 3～10cm。

（5）病虫害防治：注意防治玉米螟、黏虫等虫害，丝黑穗病，大小斑病等病害。除草剂除草。

（6）收获：10 月上旬收获。

适宜地区

地势平坦、适于农机操作的地区。

注意事项

种肥选择低氮、高磷、高钾养分配比的复合肥，用量不高于 10kg/ 亩，既不烧苗，又能保证玉米苗期生长所需营养供应。底肥选择高氮、低磷、低钾养分配比的稳定性缓释肥或缓释长效肥，确保玉米生育后期对养分的需求。底肥施用深度不低于 10cm。

春玉米双层一次性施肥播种机（左）及作业（右）

技术来源：辽宁省农业科学院

玉米增墒培肥全程机械化种植技术

技术要点

（1）秸秆机械化还田整地：秋季收获时，进行秸秆粉碎还田和深翻耕整地联合作业，深度25～30cm，同时施入6kg/亩的腐熟剂。首先用大型玉米收获机自带的秸秆粉碎机将农田中的秸秆打碎，然后使用210马力（1马力=735W）拖拉机牵引格兰LZ360型复式联合整地机或者东方红1804拖拉机牵引SGTN-200联合整地机进行深翻耕作业，将粉碎的秸秆直接翻入土壤中，深翻耕深度为30～40cm，深度误差为±1cm。

（2）选用密植品种：选用密植品种，播种密度为4 000～4 200株/亩。

（3）机械化精量播种：要根据气温、土壤水分、作物品种确定播期，适时播种。一般在土壤5cm深处，温度稳定在8～10℃，0～10cm深的土壤含水量在13%～18%时可进行播种。机械大垄双行精量播种、施肥、覆膜联合作业，大垄宽60cm，小垄宽40cm。播种施肥一体机选用2BQ-2或2BMJ-2型气吸式播种施肥一体机。

（4）施肥方法：采用播种施肥一体机进行施肥，其中，生物碳基玉米专用缓释肥用量为50kg/亩，生物碳基用量为10kg/亩。

（5）机械化打药：采用大型打药机，喷嘴间距30cm，距垄台高度45～50cm，作业压力0.3MPa，单喷嘴流量1.18L/min，作业速度4km/h，喷液量15～20kg。玉米播种后拱土前，亩用990g/L乙草胺乳油150～200mL+38%莠去津悬浮剂300g，进行土壤封闭除草，施药时干旱应及时喷灌，以保证除草效果。

（6）病虫害防治：大喇叭口期药剂防治玉米螟，灌浆初期药剂（高效氯氰菊酯）防治黏虫。采用3WX-280G型自走式高秆作物喷杆喷雾机进行喷施。喷雾机可带10个喷头，喷嘴间距67cm，作业喷幅6.7m，距玉米顶端高度为40～45cm，工作压力0.3MPa，单喷嘴流量1.18L/min，作业速度3.5km/h，亩喷液量20L。

适宜地区

环渤海辽宁省西部中低产玉米种植区。

注意事项

（1）由于辽宁省西部地区春季有效降水很少，

保存和利用土壤中有限的水分，是春播成败的关键。因此，秋季秸秆机械化还田整地后，可以不进行镇压，以接纳冬春的降水，待翌年3月中旬，地表融化10cm时，再进行顶凌镇压，保墒效果好。

（2）机械化播种的玉米种子质量要高于国家标准，一般采用精量播种，用种量1.5～2.0kg/亩。播种作业时，尽量避免重播和漏播，精量播种空穴率不大于2%，重播率不大于8%。

（3）机械化播种施肥前，一定要进行机具调试。包括调整播种机吸种盘，确定合理株距，以及调整行距、施肥深度、排肥量等，最后要将播种机与拖拉机连接调试。

技术来源：中国科学院沈阳应用生态研究所

麦套春棉粮棉双高产栽培技术

技术目标

充分利用时间、空间、光能、热量和土地资源，提高棉田复种指数，在不影响棉花产量的同时，亩增收小麦 400kg。

技术要点

（1）种植模式。棉花—小麦套种选择 4-2 式种植模式，带宽 1.6m，间距为 0.8m，每幅种植小麦 4 行，棉花 2 行。小麦也可采取撒播以方便调整基本苗，发挥边际效应，注意掌握"小麦 + 预留行 + 小麦"宽度应略小于小麦联合收割机割辐，以方便小麦收获。

（2）品种选择。棉花品种选择生育期在 123 天以下，具有中后期生长快、结铃集中、吐絮集中且快等特点的中早熟棉花品种。小麦品种选择生育期在 245 天以下，具有成穗率高、千粒重高、增产潜力大等特点的小麦品种。

（3）播种及管理。①小麦播种：小麦在 10 月下旬至 11 月初棉花收获完后播种。棉花收获后要抓紧将棉柴粉碎还田，并进行旋耕或深耕精细整地，壤土在棉花收获前 10 天左右造墒，黏土在小麦播后浇蒙头水。施足底肥，施氮磷钾复合肥（N、P_2O_5、K_2O 含量均为 15%）50kg/ 亩作为小麦和棉花的底肥。适当增加小麦播种量，15～20 kg/ 亩，保证每亩基本苗 35 万株左右，采用宽幅播种，小麦播种前一般用甲基异柳磷、三唑酮、吡虫啉等复配药剂进行拌种，对小麦的地下虫害、病害、麦蚜具有很好的防治作用。②棉花播种：一般在第二年 4 月中下旬结合小麦浇孕穗水进行棉花播种，在预留行用播 2 行棉花，行间距 45cm，然后覆膜。一般当棉苗子叶展平变绿时，及时放苗，并堵好放苗孔。第一片真叶展开时要及时间苗，拔除弱苗、病苗，3 片真叶时定苗，每亩留苗 3 000～3 500 株。

（4）收获。6 月初小麦完熟期及时收获，在联合收割机割台加装可伸缩护苗挡板，防止损伤棉苗。棉花田间管理按常规管理进行，棉花收获一般在 10 月下旬至 11 月初完成。对于贪青晚熟地块 10 月 12 日左右喷施乙烯利，棉株开花后及时采摘，争取在 10 月底至 11 月初播种小麦。

适宜地区

适宜河北省南部光热资源充足地区。

注意事项

棉麦共生期禁止使用含有 2,4-D 丁酯、草甘膦和二甲四氯等成分的除草剂，防止对棉花造成药害。

棉麦套种

棉麦套种模式下小麦机械化收获

技术来源：河北省农林科学院棉花研究所

麦后直播超早熟短季棉栽培技术

技术目标

利用生长周期短，早熟性突出的超早熟棉花品种，在小麦收获后直接播种棉花，达到一年棉麦两熟。

技术要点

（1）品种选择：棉花品种采用生育期100天左右的，株型紧凑，开花结铃吐絮较集中，铃期较短，耐密性好的超早熟品种，如石早3号等。

（2）播种时间：河北地区播种时间一般是在6月1—5日之间进行，最晚不能晚于6月10日。提倡采用麦收后贴茬播种，播种后浇蒙头水的播种方式。

（3）抢时灭茬：出苗后及时灭茬，若天气干旱，土壤板结，可先浇水后中耕；如土壤墒情较好应先灭茬深中耕培土，可达到通气保墒、消灭杂草、减轻病害的目的，促进棉苗生长和根系发育。

（4）密度：高肥力地块控制在7 000～8 000株/亩，中等肥力地块8 000～9 000株/亩。行距控制在 55cm 左右。

（5）化控：7月以后，由于气温高，雨水足，麦后直播棉花生长发育较春播棉快，叶片变大。由于麦后直播棉花留苗密度较大，容易出现徒长、郁闭，加重蕾铃脱落，所以必须用缩节胺进行适度化控。第一次化控应当在 6 片真叶期，用量为 0.5 克/亩左右。第二次化控应当在开花前，用量为 1g/亩左右。第三次化控应当在打顶以后，用量为 2～3g/亩。

（6）整枝：长出果枝后将营养枝去掉。一般留 5～7 个果枝，打顶时间不得晚于 7 月 25 日。长势旺棉田在 7 月下旬打边心。

（7）施肥：一般棉田在 7 月中旬追施尿素 5～8kg/亩。

（8）治虫：及时防治盲蝽。可每亩用 10% 联苯菊酯 30～40mL，或 35% 硫丹乳油 60～80mL，或 40% 灭多威可湿性粉剂 35～50g，或 45% 马拉硫磷乳油 70～80mL，或 40% 毒死蜱乳油 60～80mL 对水 50～60L 喷雾。

适宜地区

适宜河北省南部光热资源充足地区。

注意事项

小麦收割时留下的麦茬高度不要超过 15cm，注意防治棉蚜。

技术来源：河北省农林科学院棉花研究所

棉花多茎株型高产简化栽培技术

技术目标

利用营养枝"疏导型"抑制赘芽滋生，抑制棉株生长为光合增效保叶增铃促发育，提高资源利用效率和劳动生产率，开辟高产简化栽培新途径。

技术参数

棉花多茎株倒伞株型结构：主茎 10～12 果枝打顶，时间 7 月 10—15 日，株高 90～110cm，3～5 个有效叶枝，平均高度 40～45cm，叶枝 4～6 个果枝摘心，时间约 7 月 5—10 日，株型似倒置雨伞状，单株果枝数 25～30 个，果节数 60～65 个。

技术要点

（1）播种期。正常年份 4 月 20—25 日，每穴 3～4 粒，机播每亩 1.5kg。

（2）单行盖膜，扩大行距。水肥地：等行距 100cm，株距 25cm 左右，密度 2 500～3 000 株/亩；旱薄地，双行盖膜，小行距 50～60cm，大行距 100cm，株距 20～25cm，密度 3 000～3 500 株/亩。

（3）保留叶枝，塑造多茎株型。不去叶枝（枫杈），不仅省工省力，主要在于促进根系发育、抗旱、抗病、防早衰；中后期利用叶枝对水分和矿质营养的分流作用，减少赘芽滋生，棉株壮而不旺，稳而不衰。当叶枝长出 4~6 个果枝时，将全部叶枝顶尖一次打掉（时间 7 月 10 日左右），主茎打顶时间 7 月 10—15 日，一般单株果枝数 20~25 个，亩成铃 7 万~8 万个。

（4）平衡施肥，底墒充足。平衡施肥是防早衰、防旺长的重要环节之一。中等肥力，亩施生态有机肥 50kg + 全元素硫酸钾型复合肥（N15-P15-K15-S18）20~25kg。底墒充足，一般开花前不浇水，生长期间不追氮肥，氮肥过多，赘芽滋生，不仅费工也不利于高产。

（5）及时防治绿盲蝽，是高产简化的保证。绿盲蝽为害嫩叶分泌毒素，造成棉株疯长甚至绝产，已成为棉田第一大杀手，靠近温室、枣林、苜蓿地的棉田尤为严重，危害时间长（6 月中旬至 8 月上旬），飞爬速度快，注意用内吸剂与触杀剂混合，如（绿园 + 菊酯类农药）；防治时间在早晨或傍晚，大面积棉田同时防治效果更好。

（6）喷施光合增效剂，减少棉铃生理脱落。棉花生理脱落高峰期在 7 月 25 至 8 月 5 日；脱落的主要原因是有机营养供应不足。因此，从6月下旬开始用300倍液生物肥喷施，一般每10天左右喷一次，喷3～4次，对于减少生理脱落效果显著。

（7）田间管理。①早衰严重棉田，在增施有机肥的基础上，注意盛蕾期（6月中旬）深中耕，促根下扎。②棉株主茎打顶前，非长势特别旺盛的棉田，一般不化控，以免因营养体小而减产。③长势偏旺的棉田，7月底精细整枝一次或喷施缩节胺3～4克。

适宜地区

该技术适宜在冀中南春播棉区植棉应用。

棉花多茎倒伞株型示意图

技术来源：河北省农林科学院棉花研究所，沧州市农林科学院

滨海重度盐碱地玉米栽植技术

技术目标

通过土壤改造、灌水排盐、覆膜晚播、合理施肥与灌溉、适时晚收等技术措施，改造滨海重度盐碱地，实现玉米当年种植当年收获。

技术要点

1. 滨海重度盐碱地土壤改造

（1）土地平整、挖排水沟、修建条田。平整土地，土地坡度控制在 0.2% 以下，去除石子、杂草等；每隔 30～50m 挖排水沟 1 条，宽 2～3m，深 1.0～1.5m（如条件允许，可加宽、加深）。

（2）施用土壤调理剂，机械深耕。地表撒施土壤调理剂（牛粪 10～15m³/亩，脱硫石膏 200kg/亩），机械深翻 30cm 以上，旋耕耙匀。

（3）铺设排盐草把。以整条地中心线为轴向两边挖沟，中心点为最高点，挖深 40cm，宽 40cm。两边依次加深，坡度 0.3%～0.5%，形成倒"V"形，一直通到排水沟。沟内铺设草把（芦苇、秸秆、树枝等）厚度 10cm，挖出的土掺拌调理剂回填。草把沟间隔为 10m。

2. 灌水洗盐

有淡水灌溉条件地区，灌水量 120~150m³/亩，连续灌溉 2 次，灌溉时期宜在播种前 2 周。无淡水地区，可采用冬季咸水结冰灌溉方式，即在冬季气温零下 10℃左右时，抽取地表或浅层井中咸水，连续灌溉 2 次咸水，使冰层厚度达到 15cm，天气变暖，冰层逐渐融化，待完全融化后覆膜、压土。

3. 适时晚播与放苗

（1）品种选择。选用生育期适宜、抗旱、耐瘠薄、抗盐碱、抗病、稳产品种。

（2）适时覆膜晚播。雨季来临前，6 月中下旬适时播种，播种量 4 500~5 500 株/亩。可采用先覆膜，再在膜上扎孔播种方式，也可采用播种完成后再覆膜方式。播种较晚时，为防止膜下温度过高，要适当增大膜上覆土面积（或覆盖秸秆），可占膜面积的 1/2 到 2/3。

（3）放苗。膜下出苗后，当幼苗第一片叶展开，要及时挑破薄膜放苗，并在苗周围覆土。

4. 合理施肥

（1）基肥。施用磷酸二铵（N 18%，P_2O_5 46%）13~15kg/亩，尿素（N 46%）8~12kg/亩。地表

均匀撒施后旋耕。

（2）追肥。结合降雨或灌溉，在拔节期至小喇叭口期追施尿素18～22kg/亩。

适宜地区

本技术适用于土壤受海水及地下咸水影响，土壤含盐量在0.4%～0.6%，且以NaCl为主，pH值8.5左右的滨海盐渍化土壤。

注意事项

（1）土壤质地比较黏重地区，应适当加大土壤调理剂用量。

（2）覆膜播种时期较晚，为防止膜下温度过高，覆膜后建议膜上覆土或铺撒作物秸秆。

灌水洗盐

地膜覆盖

技术来源：天津市农业资源与环境研究所

谷子全程轻简化生产技术

技术目标

以简化栽培谷子品种及其配套技术为核心技术，以谷子播种机、中耕机、联合收割机为配套技术。实现谷子全程轻简化生产。

技术要点

（1）品种选择。要求谷子品种抗除草剂、高抗倒伏，穗码紧凑，抗主要病害，选择冀谷31、冀谷36、冀谷37、冀谷38等简化栽培谷子品种。

（2）整地与底肥。播种前灭除杂草，每亩底施有机肥2 000kg或氮磷钾复合肥50kg，雨后播种，保证墒情适宜。麦茬地人工灭除杂草后，进行免耕播种。

（3）适期播种。夏播适宜播期6月15—30日，一年单季种植适宜播期5月25日至6月20日。采用谷子播种机播种，播种深度3～5cm，采用两密一稀种植形式，小行距30cm，大行距50cm，便于机械中耕、施肥、喷药作业。亩播种量0.8～1.0kg。

（4）间苗除草。播种后、出苗前，于地表均匀喷施配套的"谷友"100g/亩，对水不少于50kg/亩。注意要在无风的晴天均匀喷施，不漏喷、不重喷。谷苗生长至3～5叶时，根据苗情喷施配套的"壮谷灵"80～100mL/亩，对水30～40kg/亩。如果因墒情等原因导致出苗不均匀时，苗少的部分则不喷"壮谷灵"。注意要在晴朗无风、12h内无雨的条件下喷施，拿扑净兼有除草作用，垄内和垄背都要均匀喷施，并确保不使药剂飘散到其他谷田或其他作物。喷施间苗剂后10天左右，杂草和多余谷苗逐渐萎蔫死亡，留苗大体达到需要的密度。

（5）中耕追肥。在谷苗9～11片叶，采用中耕施肥一体机进行中耕、施肥和培土，一次完成，亩追施尿素20kg左右。

适宜地区

冀中南地区与黑龙港流域，水肥条件好的平原区。

技术来源：河北省农林科学院谷子研究所

杂交谷子高产节水栽培技术

技术目标

该技术适用于河北省雨养种植区，也适用于有一定灌溉条件的春播区和夏播区。在盐碱地、闲散地、林果间隙等可以种植。产量提高 20% 以上，水分利用效率提高 15% 以上。

技术要点

1. 播前准备

（1）基肥（底肥）。结合耕翻，亩施农家肥 1～2m³，磷酸二铵亩施 15～25kg。低肥力地块取上限。没有灌溉条件的浅山丘陵区，结合播种亩施复合肥料 20～25kg。

（2）整地。春播区：封冻前及时进行深翻，深度 20cm。在春季土壤冻融交替之际及时进行耙平保墒；夏播区：麦茬种植如果土壤水分充足，麦茬较低的可免耕贴茬播种；麦茬较高的可先灭茬，旋耕 2 遍，深度达到 15cm，擦平镇压之后播种；连续旋耕 3～4 年后的地块，进行 1 次深耕松土，深度要达到 20cm，深耕后人工整地、擦平后作畦播种。

（3）播前水分管理。有灌溉条件的夏播区，利用简易软管灌溉装置，采用缩畦减灌技术灌溉。畦面面积控制在 20～30m^2。畦埂宽 20cm，高 15cm，畦内要平整。

（4）底墒要求。0～20cm 土壤含水量达到田间持水量的 80% 以上即可播种。春播区：在播种期内适雨播种。没有降雨环境下，可坐水点种。夏播区：土壤水分不足时，在种植前浇水造墒，蓄足底墒。

（5）品种选择。根据当地环境与生产条件，以及降雨条件，选用通过品种鉴定的杂交谷子品种。如张杂谷 3 号、特早 1 号。

（6）种子质量。种子质量符合 GB 4404.1《粮食作物种子》2 级以上要求，其中，种子纯度≥45%。

2.播　种

（1）播种时间。春播区一般在 5 月中下旬，夏播区一般在 6 月下旬，根据降雨情况，可选择合适品种推迟到 7 月下旬。

（2）播量。一般每亩播种 0.75～1.5kg。

（3）播种深度。根据土壤墒情确定播种深度。一般采用等行距条播，均为 3～5cm。

（4）播种方式方法。一般采用耧播或播种机播种，播种方式为平播或起垄播种，播种后及时镇压。夏播区也可采用贴茬播种，作业速度≤3km/h。

3. 定　苗

（1）定苗方法：在3～4叶期喷施专用间苗剂，去除与品种特性不符的杂苗。若密度仍然很大，1周后去除病苗，留壮苗匀苗。缺苗时可留双株。间苗时要严格去掉黄苗，保留绿苗。

（2）留苗密度：根据品种特性和当地种植习惯确定留苗密度。一般春播地区每亩杂交谷子留苗 10 000～20 000 株；夏播地区一般每亩留苗 20 000～35 000 株。

4. 中耕锄划

定苗后及时进行中耕锄划。第二次在拔节后进行，同时向植株根部培土。地膜覆盖田块只剔除杂草。

5. 水分管理

干旱年，在拔节期和孕穗期灌溉 2 次；平水年，一般只在孕穗期灌溉 1 次；丰水年，整个生育期不灌溉。采用缩畦减灌，每亩灌溉 25～30m³。

6. 追　肥

拔节期，每亩撒施尿素 20kg，结合中耕、除草，将肥料翻入地表内。孕穗期，趁雨或结合灌溉每亩追施尿素 25kg。

适合地区

河北省的壤土和沙壤土区域。

技术来源：河北省农林科学院谷子研究所

盐碱旱地苜蓿保苗播种技术

技术目标

通过集成建立以根瘤接种、深开沟浅覆土带镇压播种、优化播期等为核心的盐碱旱地苜蓿保苗播种技术，达到盐碱旱地苜蓿全苗、壮苗和丰产稳产，提高耕地综合生产能力。

技术要点

（1）苜蓿根瘤接种。利用专用根瘤菌剂，苜蓿播种前进行根瘤菌剂拌种。一般采用粉剂拌种，1 000g 种子加 8～10g 菌剂。

（2）适期播种。盐碱旱地最大问题是盐碱、干旱。苜蓿适期播种非常关键，一般采用夏末秋初（8 月下旬至 9 月上旬）或晚春播（5 月下旬至 6 月初）。在保证杂草控制好的条件下，晚春播效果最好。一般根据天气预报安排播种时间。

（3）深开沟浅覆土带镇压播种。一般采用深开沟浅覆土带镇压的播种方式，开沟深度 5～6cm，种子覆土深度 1～2cm，同时利用镇压辊进行镇压。

（4）增施有机肥。有机肥施用可以起到保水、增温、改良盐碱地作用。结合整地每亩底施腐熟有机肥2 000～3 000kg；冬前每亩追施腐熟有机肥1 000～1 500kg。

（5）春季中耕。春季苜蓿全部返青后，可以采用专用机械或人工方式，进行一次苜蓿地中耕，达到除草、增温、提保墒等作用。

适宜地区

本技术适宜范围广，可以在所有种植苜蓿的地区进行推广应用。

注意事项

苜蓿根瘤菌接种一定要利用专用根瘤菌，最好现拌现播，不超过3个月；深开沟浅覆土带镇压播种技术，不适宜在雨季使用。

技术来源：河北省农林科学院农业资源环境研究所

春玉米起垄覆膜侧播种植技术

技术目标

通过起垄覆膜侧播种植，水分利用率提高20%以上；有效提高种植密度，增产20%以上。

技术要点

（1）施足底肥：结合旋耕，每亩施玉米缓释肥40kg，$ZnSO_4$肥1.5kg/亩。有条件的增施有机肥1 000kg/亩。

（2）精细整地：采用深松＋旋耕的整地方式，每2～3年深松一次，深度40cm以上。播前结合施底肥旋耕，耕深15cm。精细整地，要求土壤细碎，地面平整。

（3）品种选择：选择国家或省品种审定委员会审定的，适宜本区域种植的，具有耐密、抗倒、抗病、优质高产特性的中晚熟玉米品种。种子发芽率92%以上。

（4）适期足墒播种：土壤5cm地温稳定通过7℃，耕层（0～20cm）土壤含水量达到田间最大持水量的60%～70%时即可播种。

（5）起垄覆膜播种：采用起垄覆膜播种一体机播种，垄底宽70cm，垄高10～15cm，垄距40cm，垄上覆80cm宽、厚0.008mm可降解薄膜（降解天数125～130天）。贴膜两侧各播一行玉米。单株种植密度为5 000株/亩，双株种植密度为6 000株/亩。播深3～5cm，播后镇压。

（6）播后田间管理：①化学除草。播后出苗前垄沟内喷施除草剂，亩用50%乙草胺乳油100～120mL，对水30～50kg喷施。②化控。于玉米8～10叶期，喷施缩节胺等药剂控制株高，以防倒伏。

（7）病虫害防治：及时防治粗缩病、锈病、褐斑病、玉米螟、黏虫、蚜虫等病虫害。

（8）收获：玉米达到完熟期后即可收获。及时晾晒、脱粒、贮存。

适宜地区

黑龙港流域雨养旱作及非充分灌溉区春玉米种植。

注意事项

保证整地质量；精细播种，保证种子芽率在92%以上；施足底肥。

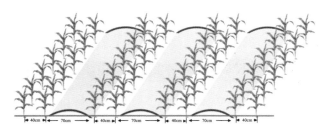

春玉米起垄覆膜侧播种植模式示意图

春玉米起垄覆膜侧播种植效果

起垄覆膜侧播种植集雨效果

技术来源：沧州市农林科学院

春播机采棉种植技术

技术要点

1. 播前准备

（1）品种选择。在适合当地生态条件、种植制度和综合性状优良的主推品种中，选择株型紧凑、吐絮集中、含絮力适中、纤维较长且强度高、抗病抗倒伏、对脱叶剂比较敏感的中早熟棉花品种。

（2）土地准备。机采棉田块应选择集中连片、肥力适中、地势平坦、便于排灌、交通便利的地块。田间不得有堆积的残根、残物及其他影响机械作业的杂物。耕翻深度在25cm左右；行走端直、扣垡平整、翻垡良好、覆盖严密、无回垡现象；播种前土地应做到下实上虚，虚土层厚5.0cm以下，有利于保墒、出苗。

（3）施肥。有机肥采用腐熟干鸡粪，亩用量200~300kg，亩施尿素15~17kg、磷酸二铵8~10kg、氯化钾14~16kg，所有肥料整地前撒施于地表。

2. 种植模式

机采棉行距为76cm，播种密度>5 500株/

亩，以便机械化采收作业。株高一般控制在100cm 以内。

3. 机械直播

播种期一般在 4 月下旬，采用精量播种机，喷除草剂、盖膜、覆土、播种一次完成。播量1.0～1.5kg/亩，播种深度 2～3cm，覆土厚 2cm左右，出苗株数 > 5 500 株 / 亩。使用宽幅 60cm、厚度 0.01mm 以上的地膜，1 膜 1 行。覆膜紧贴地面，要求松紧适度、侧膜压埋严实，防止大风揭膜。

4. 田间管理

（1）适时打顶。根据棉花的长势、株高和果枝数等因素来确定适宜的打顶时间，在 7 月 15 日以前完成，最终应控制棉株高度 ≤100cm。

（2）灌水。6 月中下旬土壤含水量低于相对持水量 60% 以下、棉花中午出现萎蔫现象、无预期降水情况下要进行灌溉，灌水量 50～60m³/ 亩。

（3）化学调控。①株型控制：遵循"勤调轻控"原则，亩用量控制在苗期 0.5g，蕾期1.5～2.0g，初花期 2.5～3.0g，盛花期 4.0～4.5g。②脱叶催熟：一般每亩使用噻苯隆（50% 可湿性粉剂）20～30g，对水 30kg 进行喷施。喷药时机选择：田间棉花自然吐絮率达到 60% 以上，棉花上部铃的铃龄达 40 天以上；采收前 18～25 天，连续7～10天平均气温在20℃以上，最低气温不得低于14℃。

5. 病虫害防治

采用物理、化学等防治棉田病害和虫害。

6. 机械收获

查看确定采棉机进出棉田的路线，确保可顺利通过；棉田两端应人工采摘15m宽的地头，拔除棉秆，以利采棉机转弯调头；在田头整理出适当的位置，便于采棉机与运棉车辆的交接卸花；平整并填平棉田内的毛渠、田埂，确保采棉机及运花车辆正常作业。棉花机械化收获采用一次性统收。

7. 机采棉田机械灭茬和残膜回收

棉花采摘完成后，使用残膜回收灭茬机粉碎棉秆和回收残余地膜。

适宜地区

河北省中南部春播棉田。

注意事项

机采棉田注重防治烂铃和杂草。

技术来源：河北省农林科学院棉花研究所

重度盐碱地的水肥盐运筹技术

技术目标

通过选用耐盐碱品种，利用增施土壤调理剂、增施有机肥、小畦灌或微咸水结冰灌溉等技术措施，实现重度盐碱地的开发利用。

技术要点

（1）整地。平整土地，创造适宜水分下渗淋洗盐分的良好条件，同时去除盐生杂草乱石等异物。地面撒施土壤调理剂（牛粪 10～15m³/亩、脱硫石膏 200～300kg/亩），有机肥 2t，深翻30cm，旋耕 2 遍，旋耕深度 15～20cm。耕后耙耢整地，做到上虚下实，土地细平。

（2）灌水洗盐。亩灌溉淡水 120～150m³/亩，连续灌溉 2 次，灌溉时期宜在播种前 2 周。无淡水地区，可采用冬季咸水结冰灌溉方式，即在冬季气温 −10℃ 左右时，抽取地表或浅层井中咸水，连续灌溉 2 次咸水，使冰层厚度达到 15cm，天气变暖，冰层逐渐融化，待完全融化后覆膜、压土。

（3）耐盐碱品种。小麦：小偃 60、津强 7 号、津强 10 号；玉米：科育 186。

（4）小畦灌。小畦田的畦宽应按照当地农业机具宽度的整倍数确定，一般为 2～4 m，畦长 60～80m。有条件的地方，可以进一步缩减畦田的大小，畦宽为 2m，畦长 5～10 m。

（5）田间管理。小麦采用抗逆型植物生长调节剂浸种，冬小麦适时足墒播种，春小麦顶凌播种，播量 20～25kg/ 亩，底施小麦专用复合肥（低氯型）40～50kg/ 亩，春季随水追施尿素 10～15kg/ 亩，喷施促生长型化学调控剂，防虫除草，中后期做好一喷三防，及时收获；玉米抢墒播种，播种密度 4 000 株 / 亩左右，底施玉米专用缓释肥 40～60kg/ 亩，小喇叭口期追施尿素 15kg/ 亩，前期喷施抗逆型化学调控剂，及时做好病虫草害统防统治，延迟收获。

适宜地区

本技术适用于土壤含盐量为 0.4%～0.6%，且以 NaCl 为主，pH 值为 8.5 左右的滨海盐渍化土壤地区。

注意事项

（1）土壤质地比较黏重地区，应适当加大土壤调理剂用量。

（2）田间管理尽量采取促进作物生长的技术措施。

技术来源：天津市农业技术推广站